MANUEL

DU

CONSTRUCTEUR

DE

MACHINES

A VAPEUR.

PARIS,

RORET, LIBRAIRE, RUE HAUTEFEUILLE,

AU COIN DE CELLE DU BATTOIR.

N. B. *Comme il y a à Paris deux Libraires du nom de* Roret, *l'on est prié de bien indiquer l'adresse.*

COLLECTION DE MANUELS

FORMANT UNE

ENCYCLOPÉDIE

DES

SCIENCES ET DES ARTS,

FORMAT IN-DIX-HUIT,

PAR UNE RÉUNION DE SAVANS ET DE PRATICIENS,

MM. Amoros, directeur du Gymnase; Arsenne, peintre; Bory de Saint-Vincent, corresp. de l'Institut; Boitard, naturaliste; Choron, dir. de l'instit. roy. de musique; Ferdinand Denis; Julia-Fontenelle, professeur de chimie; Huot, naturaliste; Lacroix, membre de l'Institut; Launay, fondeur de la colonne de la place Vendôme; Sébastien Lenormand, professeur de technologie; Lesson, naturaliste; Perrot, membre de la Société royale académique des sciences; Peuchet; Riffault, ancien directeur des poudres et salpêtres; Terquem, professeur aux Ecoles royales; Toussaint, architecte; Vergnaud, ancien élève de l'Ecole Polytechnique, etc., etc.

Depuis que les Sciences exactes ont, par leur application à l'Agriculture et aux Arts, contribué si puissamment au développement de l'Industrie agricole et de l'Industrie manufacturière, leur Etude est devenue un besoin pour toutes les classes de la Société; les Mathématiques, la Physique, la Chimie, sont des

1

sciences qu'il n'est plus permis d'ignorer; aussi les Traités de ce genre sont-ils aujourd'hui dans les mains des Artisans et dans celles des Gens du Monde. Mais on a généralement reconnu que la cherté de ces sortes de livres est un grand empêchement à leur propagation, et que la rédaction n'a pas toujours la clarté et la simplicité nécessaires pour faire pénétrer promptement dans l'esprit les principes qu'ils exposent. C'est pour remédier à ces deux inconvéniens que nous avons entrepris de publier, sous le titre de *Manuels*, des Traités vraiment élémentaires, dont la réunion formera une Encyclopédie portative des Sciences et des Arts, dans laquelle les Agriculteurs, les Fabricans, les Manufacturiers et les Ouvriers en tout genre, trouveront tout ce qui les concerne, et par là seront à même d'acquérir à peu de frais toutes les connaissances qu'ils doivent avoir pour exercer avec fruit leur profession.

Les Professeurs, les Élèves, les Amateurs et les Gens du Monde pourront y puiser des connaissances aussi solides qu'instructives.

Plusieurs de nos Manuels sont arrivés en peu de temps à plusieurs éditions; un si grand nombre est une preuve évidente de leur utilité : aussi sommes-nous décidés à en continuer la publication avec toute la célérité possible; la rédaction des volumes à faire paraître est fort avancée, et nous croyons pouvoir promettre que cette intéressante Collection sera terminée avant peu.

La meilleur preuve que nous puissions donner de l'utilité et de la bonté de cette Encyclopédie populaire, c'est le succès prodigieux des divers traités parus et les éloges qu'en ont faits les journaux.

Cette entreprise étant toute philanthropique, les personnes qui auraient quelque chose à faire parvenir dans l'intérêt des Sciences et des Arts, sont priées de l'envoyer *franco* à M. le *Directeur de l'Encyclopédie in-18*, chez RORET, Libraire, rue Hautefeuille, au coin de celle du Battoir, à Paris.

Tous les Traités se vendent séparément. Un grand nombre est e, vente; les autres paraîtront successivement. Pour les recevoir franc de port on ajoutera 50 centimes par volume in-18.

PARIS. — IMPRIMERIE DE COSSON,

Rue Saint-Germain-des-Prés, n° 9.

MANUEL

DU

CONSTRUCTEUR

DE

MACHINES A VAPEUR;

PAR M. JANVIER,

OFFICIER AU CORPS ROYAL DE LA MARINE.

Ouvrage orné de Planches.

PARIS,

RORET, LIBRAIRE, RUE HAUTEFEUILLE,

AU COIN DE CELLE DU BATTOIR.

1828.

PRÉFACE.

La plupart des traductions que nous possédons sur les machines à vapeur nous ont paru excellentes sous le rapport du sujet qu'elles traitent. Mais une moitié des volumes est consacrée à l'histoire des premiers essais faits sur la force expansive de la vapeur d'eau, une autre portion sur les machines premières qui les ont amenées à ce qu'elles sont aujourd'hui; et nous pensons qu'il importe peu aux industriels de savoir si c'est à Héron d'Alexandrie, à un nommé Mathésius, à Caus le Français, à Branca l'Italien, au physicien français Papin ou au marquis de Worcester, qu'ils doivent l'avantage de ce moteur puissant, ni de prendre part aux luttes polémiques de nos voisins d'industrie, qui tendent à arracher cette invention des mains du physicien français Papin, pour en accorder le mérite à Newcomen, Wat et Woolf.

Décrire en peu de mots le mécanisme des machines à vapeur les plus usitées, fournir aux industriels éloignés des grandes usines les moyens de s'en fabriquer à peu de frais, signaler les défauts et les avantages de quelques unes, tel est le but que nous nous sommes proposé en livrant ce Manuel à l'impression.

La fabrication des machines à vapeur de grandes dimensions doit être plus naturellement du ressort de ceux qui, dans les fabriques en grand, s'occupent spécialement de cette partie; et dire à un chef de grand établissement : Prenez de la matière de telle espèce, prenez-vous-y de telle manière, donnez-lui telle forme, suivez telles règles, etc., serait l'induire en dépenses, qui finalement ne seraient peut-être pas couronnées de réussite, ou qui lui feraient encourir des résultats funestes ou ruineux.

Nous écrivons pour le petit fabricant ou le petit propriétaire qui veut établir de ces machines à peu de frais, qui, dans

toutes les villes, possède ou peut se procurer la matière et les moyens de construction.

Mais en nous bornant à de simples dé-
monstrations pratiques, nous ne préten-
dons pas entrer dans ces opinions peu
rationnelles, qui tendent à les séparer de
la théorie ; car nous pensons qu'elles se
lient intimement, malgré quelques écarts
qui ne sont que spécieux, et qui, loin d'attaquer les bases fondamentales, n'accusent
que la faiblesse de nos moyens mécani-
ques ou de nos organes physiques.

Quoi qu'il en soit, notre intention n'est
pas de relater dans cet ouvrage les calculs
précis qui règlent la valeur des différentes
machines que nous allons exposer le plus
brièvement possible. Les fonctions de quelques unes d'entre elles, pour être évaluées
avec rigueur dans leurs fluxions, deman-
deraient le secours du calcul intégral et
différentiel, qui, bien qu'il ne s'étende pour
notre objet qu'à des principes très élémentaires, n'est pas toujours à la portée des

ouvriers. Ne cherchant à être entendu que
par eux, nous avons dû rejeter toute explication compliquée qui pourrait les détourner de l'objet principal ou leur dépen-
ser un temps précieux. Qu'ils se rassurent
d'ailleurs en pensant que notre plus belle
machine, celle qui dans des temps éloignés fera le plus d'honneur à notre siècle,
sortie de leurs rangs, a été aussi perfec-
tionnée dans leurs mains, et que la théorie, en s'en emparant ensuite, a servi à en
démontrer numériquement toute la valeur.
Ils doivent donc la considérer, non comme
un obstacle au développement de leurs
idées, à leur application mécanique, mais
comme un juge sévère qui tendra à les
parfaire entièrement.

Si nous pouvons fixer l'attention des
mécaniciens sur les économies qui résultent de l'application de la chaleur à la vapeur même, lorsqu'elle a été formée d'abord
sous une faible tension ; s'ils veulent re-
connaître les avantages immenses qui peuvent être la suite de la suppression des

chaudières, ou de leur remplacement par des générateurs de petites dimensions; si les expériences basées sur ces procédés nouveaux leur paraissent, comme à nous, très favorables à la solution du problème relatif aux machines locomotrices et à la navigation maritime et fluviatile, nous serons suffisamment récompensé.

———

MANUEL

DU

CONSTRUCTEUR

DE

MACHINES A VAPEUR.

DES MACHINES A VAPEUR.

L'EAU, à l'état de vapeur, jouit de certaines qualités dont on a profité avec succès pour obtenir le moteur le plus vigoureux qui puisse faire honneur à notre siècle. A 100° du thermomètre centigrade, la vapeur d'eau possède déjà une puissance capable de résister à la pression de l'atmosphère ; et si on abandonne un piston, que nous supposerons impondérable et sans frottement, dans un cylindre plein de vapeur à 100° de température, ce piston restera suspendu ; si ensuite, par un moyen quelconque, on parvient à supprimer la vapeur contenue dans

le cylindre au-dessous du piston; il s'abais-
sera et sera même capable de vaincre dans
ce moment une puissance égale à la pesanteur de la colonne d'air atmosphérique supérieure, qui équivaut à peu près à 14 livres
par pouce carré de superficie du piston
(1^k,063 sur un centimètre carré).

Le fluide qui s'échappe de la surface de
l'eau en ébullition, est ce que nous appe-
lons la *vapeur d'eau*; il est incolore lorsque
l'air ambiant est également échauffé, et sensible à la vue lorsque sa température est
plus basse. L'air saturé de vapeurs que nous
expirons dans les fonctions de la respiration
n'est visible que par cette propriété, et les
vapeurs qui constituent les brumes épaisses
des environs du grand banc de Terre-Neuve
ne le sont également que par cette cause. (1)

_____

(1) Rien n'est plus rationnel, en effet, que de
les supposer produites par le courant (*golfe
stream*) qui part de la zône torride, longe les
côtes des États-Unis, et vient ensuite mettre
en contact ses eaux chaudes avec un climat assez
froid, pour occasionner la condensation des vapeurs qui en résultent.

L'eau, à l'état liquide, est insensiblement compressible ; sous la forme de vapeur elle devient au contraire élastique et compressible. Nous avons dit qu'à 100° centésimaux de température la vapeur d'eau pouvait faire équilibre à la pression atmosphérique ; mais ce n'est pas seulement sous cette pression qu'elle a été mise à profit dans les arts ; on l'a employée à 150° lorsque sa puissance était équivalente à 5 atmosphères, et même à 166° lorsqu'elle peut faire équilibre à 8 atmosphères (8^k,264 sur un centimètre carré de surface).

Toutefois, l'eau en ébullition et à l'air libre ne trouvant aucun obstacle à l'émission de la vapeur produite, ne saurait s'échauffer davantage ni cette dernière acquérir une plus forte tension que celle de l'atmosphère (1).

---

(1) C'est cette température de l'eau à l'état d'ébullition qui, étant constante sous la pression de 0^m,76, a été prise pour mesure dans l'échelle des thermomètres centigrades et réaumuriens, dont le point de départ est celui de la glace fondante qui conserve pareillement un degré de température constant.

Mais si l'on emploie des chaudières hermétiquement bouchées, si leur résistance en même
temps est réciproque aux fortes tensions qui
tendront à la faire éclater, on obtiendra de la
vapeur beaucoup plus puissante, plus énergique en force même que celles dont nous
avons parlé plus haut. Depuis long–temps
M. Papin est parvenu à faire rougir de l'eau
dans des vases bouchés, et c'est à ce procédé
que M. Perkins compte avoir recours pour
lancer les projectiles avec une force égale
et même supérieure à celle de la poudre à
canon.

Des Chaudières.

Les chaudières dont on se sert pour produire la vapeur peuvent être fabriquées en
tôle ou en laiton, ou mieux encore en cuivre
rouge. L'épaisseur de ces matières doit varier
suivant la force propre de ces métaux, suivant
la capacité des chaudières, et enfin suivant
le degré de tension de la vapeur avec laquelle on doit travailler. La forme la plus
convenable est la plus résistante et par conséquent la forme sphérique ; car si dans l'intérieur d'un cube ou d'un polyèdre régulier

dont les faces soient élastiques, on imagine des forces également distribuées sur tous les points des parois intérieures, et que ces forces agissent toutes en divergeant du centre de figure, ces solides prendront évidemment une forme sphérique. Quant aux chaudières des machines à vapeur, cette forme est employée dans plusieurs circonstances : mais le plus communément on leur donne une figure cylindrique ; alors les fonds supportent un effort assez considérable pour nécessiter une épaisseur plus grande que celle qui constitue les parois de la chaudière.

Pour les bâtimens à vapeur, on se trouve dans l'obligation de combiner leur volume avec les capacités intérieures des navires ; alors, pour augmenter leur résistance, on divise par des cloisons solidement établies l'intérieur des chaudières, et cette modification devient en outre utile pour prévenir les ballottages de l'eau dans les mouvemens du roulis et du tangage. A terre, où l'on n'est pas circonscrit par un espace aussi borné, on multiplie quelquefois les cylindres bouilleurs. Dans ce cas la diminution en capacité proportionnelle à leur nombre rend leur système beaucoup plus résistant à la force expansive de la vapeur.

Le cuivre ne jouit pas, comme on sait, d'une tenacité égale à celle du fer; mais une de ses qualités, que n'a pas le fer au même degré, et qui doit le faire rechercher pour la construction des chaudières des machines à vapeur, est d'être beaucoup moins susceptible d'oxidation, et de pouvoir même en être exempté tout-à-fait, si on a la bonne précaution d'armer les chaudières de lames de fer qui, par leur propriété positive, s'empareront de tout l'oxide qui se produira (1). Leur effet, dans ce cas, imiterait celui d'une paire de la pile voltaïque, et sera purement consacré à préserver les chaudières de la rouille.

Les effets de la rouille, ajoutés à ceux qui sont le résultat des sédimens déposés inces-

---

(1) La décomposition de l'eau qui donne lieu à l'oxide dont nous parlons ici, est celle qui est la conséquence seule de la production de l'oxide. L'eau, en se transformant en vapeur, ne se décompose pas; elle ne fait que changer de nature et de propriétés.

samment par le produit de la distillation
continuelle de l'eau, donnent naissance à
des masses bourbeuses qui finiraient par de-
venir compactes et s'attacher aux parois intérieures de la chaudière; il peut en résulter
que le métal se brûle, et de là des accidens
très funestes. On y a obvié par un singulier
procédé, qui consiste à avoir la précaution
de mettre dans les chaudières des pommes
de terre. Alors leur matière se transforme
en bouillie, se mêle avec les sédimens dont
nous venons de parler, et compose une masse
mélangée qui n'a pas la propriété de s'attacher aux parois des chaudières. Il devient
alors facile de l'enlever, et, en les renouve-
lant de temps en temps, d'éviter les effets
qui peuvent être la suite de son adhérence
avec le métal.

D'autres accidens que ceux qui sont produits par les effets de la rouille peuvent occasionner la rupture des chaudières. On peut
ranger dans leur nombre ceux qui résultent
des températures très inégales supportées par
les parois intérieures et extérieures des chaudières, les premières en contact avec la vapeur très échauffée, les secondes avec l'air

ambiant beaucoup moins élevé comparativement en température. Ces différences de température peuvent produire des gerçures qui,
ajoutées avec celles que dans la fabrication
de la tôle on ne saurait prévoir, peuvent en-
traîner les conséquences signalées. Ces accidens échappent aux épreuves douteuses à
l'eau froide ; toutefois, en plaçant le foyer à
l'extérieur, on parvient à détruire une portion de ces effets.

Lorsque le niveau de l'eau dans la chaudière n'est pas maintenu à la même hauteur,
lorsqu'il s'abaisse par l'effet d'une consommation trop abondante de vapeur ou faute d'alimentation, il arrive que la partie de la chaudière, qui n'est plus en contact avec l'eau,
s'échauffe rapidement, et quand une introduction trop prompte vient remplir ce dé-
ficit, il en résulte une surabondance de
vapeur qui pourrait déterminer la rupture
des vases, si on n'avait soin d'y remédier par
plusieurs procédés à la fois.

Ces procédés reposent sur l'emploi, 1°. des
pompes alimentaires destinées à reproduire
en même quantité l'eau consommée : elles
sont mises en jeu par le mouvement propre

de la machine; 2°. d'un registre ou plaque
de métal qui, bouchant plus ou moins le
tuyau de la cheminée, arrête convenablement le tirage du foyer ; et relativement la
reproduction trop prompte de vapeur : on
attache ce registre à une chaîne qui, après
avoir passé sur une ou deux poulies, vient
ensuite se fixer à un poids flotteur destiné à
s'élever ou s'abaisser dans un tube calibré
et en communication avec l'intérieur de la
chaudière, de telle sorte que, lorsque la
vapeur contenue dans la chaudière est trop
tendue, l'eau s'élève dans le tube, fait mon-
ter le flotteur et réciproquement baisser le
registre; 3°. des soupapes de sûreté qui,
après un effort calculé, sont susceptibles de
s'ouvrir par la seule pression de la vapeur.
Dans cette opération la vapeur trouvant une
issue libre lorsqu'elle est trop tendue, s'é-
panche au-dehors et soulage d'autant la
chaudière. Ces soupapes sont construites de
manière à présenter à la pression de la vapeur une surface telle qu'elles ne sont pas
susceptibles de s'élever sous une tension plus
faible que celle qu'on veut employer.

Des Pompes alimentaires et du Registre.

Dans les machines à basses pressions, c'est-à-dire celles qui ne travaillent pas avec plus de deux atmosphères, on emploie ordinairement pour alimenter les chaudières le système représenté figure 20. DBE est un tube qui porte à son extrémité supérieure un réservoir ADEC, qui, par le mouvement de la machine, doit être maintenu plein d'eau. MON est un petit levier mobile sur un axe O, qui d'une part est attaché à un fil d'archal correspondant à un flotteur en pierre G, de l'autre à une petite tige TP destinée à faire ouvrir la soupape P dans les momens convenables. C'est par le mouvement du flotteur qui s'élève ou s'abaisse, suivant les différens niveaux de l'eau dans la chaudière, que la soupape P prend les positions convenables pour arrêter ou permettre l'écoulement d'une certaine quantité d'eau du réservoir. C'est aussi dans ce tube qu'est placé le poids flotteur F, qui détermine l'élévation ou l'abaissement du registre; il doit avoir depuis le niveau de l'eau en X jusqu'en A, une hauteur égale à un peu plus de 9 pieds ou 2^m,92.

Pour les machines à haute pression on emploie une pompe aspirante et foulante, qui est mise en jeu par le mouvement de la machine même. Cette pompe est dessinée fig. 21; elle se compose d'un tube dans lequel circule de haut en bas un cylindre AM. Le tube F alimente la pompe, tandis que B conduit l'eau à la chaudière. L'extrémité de la tige AM se rattache au balancier de la machine. On conçoit bien comment se fait le jeu de cette pompe; lorsque la tige remonte, le vide qu'elle laisse après elle est obligé de se remplir par F; au contraire, lorsqu'on baisse cette tige le trop plein s'écoule par B. Le jeu de l'une et l'autre soupapes D et C seconde, comme on voit, ces deux mouvemens.

Des Soupapes de sûreté.

L'efficacité du jeu des soupapes de sûreté dépend beaucoup de la forme qu'on donne aux ouvertures qu'elles sont destinées à fermer; et MM. Thenard et Clément ont reconnu que, quand la vapeur se fait issue

par un canal qui s'élargit coniquement par
le dehors, à l'origine du tube il se forme un
vide annulaire, et par conséquent une pression inverse qui contrarie celle qui tend à
élever la soupape.

Ces inconvéniens, dit-on, se reproduisent
même dans celles des soupapes de sûreté
qui ne se composent que d'une ouverture
faite à la chaudière et bouchée par une simple plaque en métal; car dès que ce disque
est un peu soulevé par la vapeur, celle-ci
s'échappe en forme de cône, et reproduit
les mêmes accidens en s'opposant à ce qu'une
plus grande somme de vapeur se répande
librement au-dehors.

.La vapeur d'eau ne pouvant acquérir une
augmentation de tension sans une augmentation réciproque de température, on a aussi
eu l'idée d'adapter aux soupapes de sûreté
des anneaux en métal fusible, rendus tels
par une combinaison calculée de différens
métaux. Mais ces anneaux fusibles, qui ordinairement supportent les soupapes de sûreté, sont également sujets ou à se déformer
par le ramollissement qui précède la fusion,
ou à s'influencer encore du contact de l'air

ambiant, variable en température dans divers cas. Ces causes, cependant, ne doivent pas en faire abandonner l'usage ; car malgré leurs défauts il est encore constant que ces anneaux présentent des avantages appréciables. (*Voyez* l'Ordonnance royale du 23 octobre 1823, à la fin du volume.)

Le système de soupape de sûreté, que l'expérience a démontré le meilleur pour obvier à la plupart des inconvéniens que nous avons signalés plus haut, est celui qui est représenté dans la figure 7.

Il se compose d'un tube cylindrique fixé au-dessus d'une ouverture pratiquée à la chaudière. Ce tube porte intérieurement une enflure circulaire O O, qui concourt à faciliter l'expansion de la vapeur par le dégorgeoir M, lorsque celle-ci est trop tendue. Dans ce cas elle presse le piston A, les ressorts en hélices qui entourent la tige se tendent ; cette tige, s'appuyant sur la romaine qui supporte le poids P, qui lui-même assujétit le piston A contre l'ouverture de la chaudière, le soulève et laisse la vapeur libre de s'épancher par le dégorgeoir. (1)

_____

(1) On surmonte ordinairement, comme nous

Manomètre.

Mais un des moyens les plus convenables pour prévoir la rupture des chaudières est celui que nous offre l'application ingénieuse de l'appareil de Mariotte. Cet intrument, appelé *manomètre*, est un tube de verre coudé et non capillaire, dans lequel on verse du mercure jusqu'à ce qu'il occupe un niveau quelconque en M, fig. 8. La partie élevée du tube est bouchée, tandis que l'autre N est ouverte et communique avec l'intérieur de la chaudière dans l'espace occupé par la vapeur; de telle sorte, qu'à mesure que la tension de la vapeur augmente, la

venons de le dire, cet apparail d'une barre de fer divisée qui est destinée à supporter le poids relatif à la tension que doit soutenir la chaudière. Cette disposition, qui permet d'augmenter ou de diminuer la charge de la soupape de sûreté par le seul écartement du poids des points d'appui, est absolument la même que celle des fléaux des romaines; elle donne les moyens d'estimer avec rigueur le poids qui doit charger l'appareil dans l'épreuve des chaudières; et ensuite dans l'usage habituel.

colonne de mercure se trouve poussée dans
la partie extérieure du tube qui contient de
l'air. Cet air se trouve ainsi comprimé et
dans le cas de tous les fluides élastiques
permanens ; c'est-à-dire que son élasticité
sera toujours en raison inverse de l'espace
qu'il occupe, plus ou moins quelques petites
quantités inappréciables dues à son état imparfait de sécheresse et aux différens degrés
de température qu'il supporte. On pourra
donc obtenir une valeur quelconque et ri-
goureuse de la tension intérieure de la vapeur.

Ces instrumens, très simples et d'une application heureuse, portent des divisions et
sous-divisions qui correspondent aux nombres d'atmosphères et aux fractions d'atmosphères par lesquelles on exprime la puissance de la vapeur d'eau. Leur longueur doit
être telle, que les déplacemens du métal liquide soient assez sensibles au premier coup
d'œil. Une attention soutenue de la part du
chauffeur peut donc prévenir avec ce seul
instrument tous les accidens funestes qui
peuvent résulter d'une tension spontanée.

Dans les machines à vapeur à basse pres-

sion on emploie aussi de pareils tubes re-
courbés, mais débouchés. On sait que dans
ce cas une colonne de mercure de 0ᵐ,76
équivaut à une pression atmosphérique, et
qu'alors il faut que le tube ait autant de fois
cette longueur que la vapeur d'eau de la
chaudière aura de tension en atmosphères.
Cette installation serait donc inapplicable
aux machines à haute pression.

C'est pour éviter le renversement du mercure dans l'intérieur de la chaudière, dans
l'un et l'autre cas, qu'on ne doit pas négliger, lorsque le travail de la machine cesse
et qu'on éteint le feu, de donner issue à
l'air dans l'intérieur des chaudières. (1)

---

(1) La force de l'atmosphère est égale à peu
près au poids d'un kilogramme par centimètre
carré de surface, ou à une colonne de mercure
d'environ 3/4 de mètre 0ᵐ,76. Le mercure des
manomètres débouchés dépasse rarement cette
hauteur des $\frac{2}{3}$ de sa valeur ; dans les machines
à basse pression il se soutient à une hauteur égale
à 1ᵐ,02.

Épreuve des Chaudières.

Avant d'être livrées au commerce on fait supporter aux chaudières des épreuves qui doivent être une garantie pour ceux qui peuvent en faire usage. Communément, après avoir chargé la soupape de sûreté d'un poids dix fois plus fort que celui qu'on doit leur affecter dans la suite, on refoule dans leur capacité intérieure, et cela au moyen d'une pompe semblable à celle des presses hydrauliques, une quantité d'eau froide capable de faire soulever la soupape de sûreté ainsi chargée : mais les qualités du métal, fortement échauffé, doivent nécessairement être différentes de celles qui résultent d'une température contraire. Une chaudière peut donc soutenir un effort assez considérable à froid, tandis qu'à chaud il n'en serait pas de même; et on conçoit bien que la chaleur du métal peut, dans l'usage habituel, favoriser l'ouverture des gerçures inapparentes dans cette épreuve.

Voici le moyen le plus convenable pour éprouver les chaudières dans des circonstances au moins semblables à celles dans lesquelles elles sont susceptibles de se trouver dans la suite :

La chaudière étant armée d'une soupape de sûreté, semblable à celle que nous avons indiquée plus haut, et chargée d'un poids dix fois plus fort que celui qu'elle doit supporter ordinairement, sera en outre munie d'un tube thermométrique préparé comme les thermomètres ordinaires, mais ouvert par en haut de manière que cette extrémité libre soit un peu saillante en dehors de la chaudière. La boule, avec la portion de tube contiguë, sera placée dans l'intérieur de la chaudière, et le mercure qui les rempliront effleurera l'extrémité libre dont nous venons de parler.

Cela fait, on chauffe la chaudière, après avoir pris les mesures convenables pour que le feu puisse s'attiser de lui-même sans la présence d'aucun individu, et on s'écarte de l'appareil que nous supposons en outre placé dans un local convenable à cette expérience. La vapeur se formera, prendra une température réciproque à sa tension, et le mercure du thermomètre se dilatant s'épanchera par l'ouverture restée libre. Quand on se sera aperçu que la vapeur soulève sans difficulté la soupape de sûreté, on éteindra le feu par des moyens quelconques, et alors, après un certain temps déterminé par la prudence, ou mieux encore lorsque l'appareil sera entièrement froid, on s'en approchera.

Pendant cette dernière opération le mercure du thermomètre s'étant contracté aura repris un niveau proportionné au nouvel abaissement de température; ensuite, par comparaison avec un thermomètre ordinaire et par la quantité dont la colonne de mercure aura décru, on verra quelle aura été la température relative à la tension qu'aura soutenue la chaudière pendant cette épreuve. (1)

De plus, avant et après cette opération on mesurera, et cela avec de l'eau froide d'une

---

(1) Comme la pression de la vapeur est proportionnelle à la température, et qu'il est bien possible que malgré la charge de la soupape elle se soit soulevée avant ou après la pression calculée, le thermomètre ainsi installé indiquera toujours sous quelle tension la soupape s'est élevée.

3

température bien connue, la quantité d'eau que la chaudière contient dans ces deux circonstances. On pourra s'assurer ainsi avec exactitude de combien, pendant cette opération, la capacité de la chaudière a pu s'accroître par l'extension du métal.

Mais une seule épreuve de ce genre n'est pas suffisante, et on s'assurera par d'autres expériences faites sur des tensions aussi élevées si les dilatations et contractions successives de la chaudière se compensent réciproquement. S'il en était autrement, cela ne pourrait avoir lieu qu'aux dépens de l'épaisseur de ses parois dans toute son étendue, ou seulement dans une partie, ce qui serait encore bien plus défectueux.

Ces expériences d'ailleurs doivent se répéter dans la suite, à diverses époques plus ou moins éloignées, afin d'acquérir la certitude que l'usage n'a pas changé les qualités de la chaudière. Elles sont faciles et ne demandent le secours d'aucun moyen qui ne soit, dans tous les temps et dans tous les lieux, à la portée des mécaniciens. On aura soin seulement de prendre toutes les précautions réclamées par la prudence, et, en outre, de séparer, autant que possible, le mécanisme, de la chaudière qu'on veut éprouver.

Un appareil thermométrique, semblable à celui dont nous venons de parler plus haut, peut être aussi très utile aux chefs d'établissemens, en ce qu'il jouit de la propriété de leur indiquer si, pendant leur absence, on a employé quelque moyen que réprouve d'ailleurs la prudence, pour augmenter l'effet des machines livrées aux soins des ouvriers, et en même temps quel est le degré de confiance qu'il convient de leur accorder.

En général, les chaudières des machines à vapeur, sont la partie de leur mécanisme qui offre le plus de crainte et d'embarras, et en même temps qui exige le plus de dépenses de fabrication. Elles présentent encore bien des inconvéniens majeurs relativement à la navigation fluviatile et à la navigation maritime. D'abord, leur volume incommode occupe un espace précieux à bord des navires marins, ensuite le poids énorme de l'eau contenue dans leur capacité, et qu'on suppose nécessaire de maintenir en aussi grande quantité pour engendrer la vapeur, le poids même de la chaudière, augmentent considérablement la charge des navires. (1)

Ces considérations n'ont pas cessé d'exciter l'attention des mécaniciens, et déjà on compte des essais heureux qui promettent des avantages pour l'application en grand.

Ces essais ont pour but de remplacer les chaudières ordinaires par plusieurs tubes en fonte de fer d'un faible diamètre, de 6 pouces environ, mais d'une longueur proportionnée.

Entretenus à une température très élevée, ces tubes sont destinés à produire spontanément la vapeur nécessaire aux fonctions du piston, au moyen d'une petite quantité d'eau qu'on refoule, en temps convenable, dans leur capacité intérieure; ensuite, chaque coup de piston consommant en vapeur la portion d'eau introduite, ces générateurs n'en contiennent effectivement que cette quantité même.

Sans doute il est prudent de ne pas tou-

---

(1) La plupart des bâtimens à vapeur de la Seine tirent environ 22 pouces d'eau, et cette rivière pendant l'été, et dans beaucoup d'endroits, n'a que 18 pouces d'eau de profondeur; elle descend même souvent au-dessous de cette quantité.

jours ajouter foi aux opinions d'auteurs, ni aux annonces souvent trompeuses de feuilles périodiques ; mais ce procédé nous paraît digne, sous plusieurs rapports, d'attirer l'attention des mécaniciens.

D'abord, des tubes d'une aussi faible dimension, peuvent s'obtenir très résistans. Ensuite, pouvant se fabriquer et se façonner en hélices, ou de toute autre manière, on pourra les placer commodément suivant les localités des navires.

Il est évident, d'ailleurs, que tout le volume de vapeur contenue dans le dôme des chaudières, et qui ne sert, en définitif, que d'appui à celle qui va nourrir le mouvement moteur, ne dépend nullement de la quantité d'eau contenue dans ces mêmes chaudières, mais bien de la surface de chauffe, et ensuite de l'intensité du feu : que si l'utilité d'une aussi grande masse d'eau et de la vapeur immobile de la chaudière, se borne à servir de réservoir commun à la chaleur, ou à sa force motrice, ce réservoir peut être aussi peu nécessaire qu'il l'est après l'introduction de la vapeur, jusqu'aux portions de courses des pistons dans leurs cylindres.

Tandis que, si on considère ce qui se passe dans les générateurs, on verra que l'eau qui y est refoulée en petite quantité, non seulement se convertit immédiatement en vapeur, mais encore que cette dernière, par son contact avec le métal très échauffé, acquiert une tension infiniment plus grande, parce qu'elle a beaucoup plus de capacité que l'eau pour le calorique ; on verra ensuite que ce résultat, que des essais d'ailleurs ont démontré vrai, doit compenser avec excès l'augmentation de combustible nécessaire pour maintenir le métal des générateurs à un haut degré de température.

Et bien que les expériences de M. Perkins, celles dont nous sommes témoin tous les jours, qui constatent que l'eau, placée sur un métal rouge de chaleur, ne saurait se mettre en contact avec lui, parce que cet effet se trouve contrarié par l'interposition d'une petite couche de vapeur qui se forme entre l'eau et le métal, diminuent, si l'on veut, la promptitude avec laquelle doit se former la vapeur, elles ne sauraient s'appliquer au mode de générateurs dont il est question ; car, malgré qu'on puisse les employer à des températures bien supérieures à celles qui ont été affectées jusqu'à ce jour aux chaudières ordinaires, ils n'approcheront jamais de la chaleur qui donne lieu à ce phénomène. D'ailleurs, en supposant qu'il puisse avoir lieu, les avantages du procédé n'en subsisteraient pas moins.

Il en est de même de la décomposition chimique de l'eau, résultat de son contact avec un métal, dans tous les cas bien éloigné du point d'incandescence qui donne lieu à l'expérience de Lavoisier.

Il est évident que si, au moyen de générateurs semblables, on voulait agir immédiatement sur un certain volume d'eau, la dépense de combustible ne serait pas proportionnée aux effets produits, parce que l'eau, nous le répétons, a moins de capacité pour le calorique que sa vapeur; mais nous le déclarons, cette invention nous paraît avantageuse, en ce que la chaleur du système, agissant sur la vapeur, et non pas sur l'eau, qui cesse d'exister sous cette forme très peu de temps après son introduction dans les générateurs, lui donne aussi une puissance excessive capable de compenser, même au-delà, la dépense de combustible. Nous pensons encore que la très grande différence des volumes des chaudières et des générateurs, donnant lieu à une différence notable de rayonnement de la part du calorique, ces derniers présenteront, sous ce point de vue, un nouvel avantage à ajouter à ceux que nous venons d'indiquer...

Un pareil procédé, qui offre beaucoup plus de sécurité, relativement aux accidens de rupture, tend à la fois à mettre à profit le système de Woolf, celui d'Oliver Évans, et par conséquent, à économiser le combustible, à rendre utile un emplacement très vaste à bord des navires, à diminuer leur charge d'un poids énorme; un pareil procédé, disons-nous, ne nous a pas paru avoir excité toute l'attention qu'il mérite.

Des Foyers.

La disposition des foyers, par rapport aux chaudières, doit être la plus favorable pour mettre en contact avec ces dernières la plus grande quantité de chaleur produite par le combustible. Bien des procédés ont été mis en usage pour arriver à ce but, et chaque mécanicien croit en cela sa méthode la meilleure ; mais comme il serait vraiment impossible de pouvoir retracer dans des limites aussi étroites toutes les idées qui, à ce sujet, ont été mises en pratique, nous nous bornons à décrire celles dont les avantages ont été appréciés par des mécaniciens autres que les inventeurs.

Un de ces procédés consiste (fig. 9) à donner à la chaudière une forme cylindrique et à placer dans sa capacité intérieure un autre cylindre A qui doit servir de foyer. Dans ce second cylindre, et dans une position parallèle à l'axe, se trouve située la grille qui doit soutenir le combustible. Elle se trouve un peu au-dessous de cet axe, et la partie comprise entre elle et la paroi inférieure du cylindre intérieur remplit alors les fonctions du cendrier. La cheminée part de l'autre extrémité du foyer, traverse la chaudière en passant dans l'eau qu'elle contient, et se projette ensuite à l'extérieur. (1)

_____

(1) Cette installation a le défaut de ne pas soustraire la surface extérieure de la chaudière

D'autres artistes ont employé un procédé
semblable à celui qui a été dessiné dans la
figure 10. La flamme, après s'être formée au
foyer, enveloppe toute la chaudière, et passe
ensuite dans la cheminée qui, elle-même,
passe au travers de la chaudière. Les flèches
indiquent la route que suit la flamme avant
d'arriver à la cheminée.

Toujours dans le but de profiter le plus possible de la chaleur produite par une certaine
quantité de combustible, on a essayé de faire
parcourir au tube de la cheminée plusieurs
détours plus ou moins étendus dans la chaudière; mais il n'en reste pas moins constant que
dans tous les cas on ne saurait empêcher que
dans l'endroit voisin de celui où le tuyau extérieur est lié à la chaudière, il ne s'y manifeste
un courant de calorique au moins égal en température à celle de la vapeur sur laquelle on
travaille; car, pour qu'il y ait combustion,
il faut le concours de l'oxigène contenu dans

au contact de l'air; alors, la différence de température, supportée par les parois intérieures et
extérieures, peut produire les gerçures dont nous
avons parlé plus haut.

l'air atmosphérique, et en proportion déterminée pour la quantité de combustible. Il y
a donc consommation et reproduction relative, et, par conséquent, un courant obligé.
Or, ce courant, qu'il est impossible de limiter
à un espace sans étendue, entraînera toujours
avec lui une portion de calorique égale en
température à celui qui avoisine le point de
contact.

MM. Atkeen et Steels ont pris un brevet
d'invention pour un appareil qui a la propriété de distribuer la chaleur avec plus d'é-
galité, et ensuite, qui dispense les ouvriers
d'une attention soutenue pour alimenter les
fourneaux. On sait que si le chauffeur jette
sans précaution une grande quantité de
charbon dans le foyer, il en résulte d'abord
un abaissement de température qui ôte à la
vapeur une portion de sa puissance, et ensuite un excès de chaleur qui, si les soupapes
de sûreté ne s'élèvent pas, peut occasionner
la rupture de la chaudière.

L'appareil de MM. Atkeen et Steels se compose d'une grille circulaire CB, fig. 11, qui
est animée par un axe d'un mouvement de
rotation que la machine même lui commu-

nique au moyen d'un engrenage extérieur.
La roue A, placée dans la capacité DA, où
l'on jette la houille, tourne par le même
moyen, et nourrit ainsi, en quantité déterminée, le contour de la grille CB. Celle-ci,
par son propre mouvement circulaire, favorise la répartition égale du charbon sur la
surface, et sur la chaudière la distribution
uniforme de chaleur. La roue A est à rochets,
et possède en outre assez de puissance pour
concasser les morceaux de houille trop volu-
mineux pour s'embraser promptement.

Enfin, on a essayé de profiter des principes combustibles contenus dans la substance même de la fumée ; les inventions à
ce sujet n'ont offert encore aucun résultat
digne de fixer l'attention des mécaniciens,
si ce n'est celle qui consiste à placer deux
foyers l'un au-dessus de l'autre. Sur le foyer
inférieur on brûle de la houille, sur le foyer
supérieur du charbon de bois. La fumée du
premier, en passant au travers du charbon
de bois en combustion, s'y consume en grande
partie. Nous ne connaissons à ce sujet aucune
expérience comparative capable de nous faire
juger de la valeur du procédé.

De la Condensation.

Nous avons dit, dans le principe, que si un piston étant suspendu dans un cylindre plein de vapeur d'eau à 100 degrés centésimaux, on parvient à la supprimer, ou à faire le vide par un moyen quelconque, ce piston descendra avec une force égale à celle de l'atmosphère. C'est sur l'introduction de la vapeur dans les cylindres et sur sa soustraction consécutive, que se fonde le principe moteur et alternatif des machines à vapeur. Nous venons de voir quels sont les procédés mis en usage pour obtenir la vapeur d'eau, même à des tensions supérieures à celle de l'atmosphère; nous allons indiquer maintenant quels sont ceux par lesquels on obtient la soustraction de vapeur, ou le vide dont nous venons de parler.

Quand une capacité quelconque est pleine de vapeur d'eau, l'expérience démontre que, si on y introduit par injection une quantité d'eau froide convenable, cette eau s'emparera de tout le calorique contenu dans la vapeur, et cette dernière se condensera immédiatement en reprenant sa première forme d'eau à l'état

liquide. Si l'espace dans lequel la vapeur était
contenue ne se trouve pas en communication
avec l'air environnant, le vide s'opérera en
exerçant sur toutes les parois du vaisseau une
pression égale à celle de l'atmosphère.

Mais la régularité de cette opération dépend absolument du degré de température
de l'eau d'injection ; et si, comme dans les
machines à vapeur, les vases ou cylindres
contiennent des pistons mobiles ; si ces pistons, en s'abaissant relativement au vide
qui s'est opéré, sont affectés de frottemens
réguliers et constans ; si, entre leurs contours et les parois intérieures du cylindre,
l'air ne peut se faire issue, la force avec laquelle ces pistons descendront sera égale à
celle de l'atmosphère, on a à peu près 14 livres par pouce carré (ou $1^k,063$ par centimètre carré) de leur superficie, moins
une certaine quantité due à la résistance des
frottemens et à l'imperfection du vide.

Telle était, dans l'origine, le système
des machines à vapeur ; leur usage se bor-
nait purement à élever l'eau à de faibles
hauteurs, car en employant une force égale
seulement à celle de l'atmosphère, il parut

difficile d'agir sur une colonne d'eau plus élevée que 32 pieds, qui représente la valeur de la colonne d'air atmosphérique supérieure.

Mais, dans la suite, on reconnut que les injections répétées de l'eau froide dans l'intérieur des cylindres, tendait à faire décroître assez sensiblement leur température propre, qu'il importait cependant de maintenir égale à celle de la vapeur d'eau employée ; cette considération grave , que lorsque la vapeur d'eau est en contact avec un corps moins élevé en température , il s'en condense une portion , tandis que l'autre ne jouit plus d'une même puissance d'expansion ; ne put échapper aux artistes.

Le contact de l'air environnant parut être aussi une cause majeure du refroidissement des cylindres, et c'est pour y obvier qu'on a eu depuis la précaution de les entourer de corps non conducteurs du calorique , d'une chemise d'enveloppe ou second entourage , et même de leur ajouter un foyer particulier.

Quant au refroidissement produit par l'eau d'injection , d'abord on a employé avec succès des vases séparés , qui communiquaient par des tubes et en moment convenable avec l'intérieur des cylindres. C'est dans ces vases auxiliaires qu'on injectait l'eau froide pour opérer la condensation. Après que les pistons avaient fourni leur course dans les cylindres, la vapeur trouvait une issue libre vers le condenseur, s'y précipitait avec force et s'y condensait spontanément. Le cylindre ne participait en rien à l'effet du condenseur, ou du moins dans un temps très limité et sans que l'eau de condensation ne l'eût touché.

On reconnut ensuite que la partie supérieure des cylindres restant débouchée dans les mouvemens descendans du piston, l'air qui s'introduisait dans l'intérieur du cylindre pouvait également produire un refroidissement aussi nuisible que celui qui avait été prévu à l'extérieur. Pour obvier à cet effet, on eut l'idée de boucher cette extrémité du cylindre avec un disque de métal fixé solidement au moyen d'écrous. On ménagera à ce fond une ouverture garnie d'une boîte à étoupe destinée à donner issue, sans perte de vapeur, à la tige du piston; ensuite, en opérant par-dessus le piston, comme on opérait au-dessous d'abord, on parvint à garantir entièrement le corps du cylindre du contact de l'air atmosphérique. Cette machine, ainsi modifiée, prit le nom de machine à double effet; mais ce double effet n'était pas le principal avantage, sous le rapport de l'augmentation de puissance qu'elle devait offrir, puisqu'il était proportionné à une consommation réciproque de combustible.

Nous disons que les machines de cette espèce furent appelées *machines à vapeur à basse pression et à double effet*, pour les distinguer de celles qu'on désignait sous le nom de *machines à vapeur à basse pression et à simple effet*.

On se sert encore aujourd'hui des moyens de condensation que nous avons indiqués plus haut; cependant il y a déjà quelques années qu'on a reconnu la possibilité d'obtenir une condensation encore plus parfaite; elle s'exécute toujours avec le secours d'un vase auxiliaire, dans lequel la vapeur se précipite pour s'y condenser; mais ce vase, suffisamment grand, est plongé dans l'eau froide, afin que sa température soit maintenue par ce moyen à un degré très inférieur à celui de la vapeur d'eau ; celle-ci s'y rendra et s'y condensera avec la même promptitude que si on l'obtenait par les moyens indiqués plus haut. Les condenseurs sont armés d'une pompe aspirante et foulante , destinée à enlever l'eau produite par la condensation , et c'est cette même eau qui , refoulée dans la chaudière , et ajoutée avec celle d'injection , sert en grande partie à l'alimenter. Elle est mise en fonction par la machine même.

Des Cylindres.

Les mêmes raisons qui font rechercher la forme cylindrique pour les chaudières des machines à vapeur , ont aussi fait adopter cette même forme pour les cylindres qui servent au développement du principe moteur ; mais il ne faut pas en conclure que ce soit la seule propre à remplir des fonctions semblables ; car il peut être des cas où la forme prismatique triangulaire ou polygonale peut être employée , surtout dans les machines de petites dimensions. Les artistes éloignés des grandes usines où se fondent et s'alèsent ordinairement les cylindres , jouiraient probablement déjà des avantages que

promet l'emploi de la vapeur d'eau comme
moteur, s'ils avaient eu à leur portée les
moyens de se procurer les cylindres dont nous
venons de parler; le reste du mécanisme
des machines à vapeur de petites dimensions, y compris la chaudière, sont d'une
exécution que les ressources communes de
tous les lieux faciliteront aux ouvriers en
métaux, pourvu qu'ils soient tant soit peu
adroits.

La forme prismatique triangulaire peut
s'obtenir facilement au moyen de trois planches métalliques liées par leurs arêtes de
manière à former un prisme triangulaire
droit, dont la figure Ire représente une section par un plan perpendiculaire à une
arête; mais si l'on craint que, par les causes
que nous avons citées plus haut, ce prisme
ne se déforme, le produit de ce changement
de figure serait de faire plier les lames dans
toute leur longueur (ce qui n'est guère ad-
missible), alors on leur laisserait un excé-
dant de métal semblable à celui qui est indiqué par les lignes ponctuées de la figure.
Toutefois, pour les machines de faibles

dimensions, ces précautions deviendraient inutiles. (1)

Des Pistons.

Les pistons des machines à vapeur sont à peu près semblables à ceux des pompes foulantes, à cette exception près que le cuir ne saurait entrer dans leur fabrication. On le remplace par de l'étoupe, qu'on applique circulairement autour du piston, et l'usure de cette étoupe se prévoit assez facilement, sans nécessiter le démontage de l'appareil, par la seule manière dont ces pistons sont fabriqués.

A B, fig. 2, est un bourrelet qui, avec celui D E, compose le système de piston ; entre eux deux on enveloppe de l'étoupe, de manière à ce qu'elle excède un peu les deux con-

---

(1) On voit bien que cette forme triangulaire ne satisfait pas tout-à-fait aux mêmes conditions que les cylindres ordinaires, en ce que les pistons, relativement à leur superficie, présenteront un plus grand contour à l'action du frottement ; aussi nous n'en faisons mention qu'en passant, et sans y attacher aucune importance majeure.

tours de ces bourrelets. A B est fixé à la tige du piston, tandis que l'autre D E peut se rapprocher de l'inférieur, au moyen des vis O, P. On conçoit bien comment, lorsqu'on s'aperçoit que l'étoupe est dégradée, il devient facile de le projeter en dehors par la seule pression des vis et sans qu'on soit obligé de démonter l'appareil.

Cette invention est sans doute bien ingénieuse, mais elle n'offre pas autant d'avantages que celle des pistons qui sont entièrement en métal, surtout dans les machines à haute pression, où la vapeur d'eau ne jouit d'une grande puissance qu'eu égard à une augmentation de température proportionnelle. C'est l'effet de cette haute température, et en même temps du frottement de l'étoupe contre le cylindre, qui en détermine la prompte dégradation. Voici de quelle façon on peut y prévoir.

Les figures 3 et 4 représentent les diverses parties qui composent le piston métallique; ce sont, pour le piston circulaire, trois secteurs A B, B C, A E, fig. 3, et trois triangles équilatéraux, D, E, F, de même épaisseur, qui constituent un système circulaire com-

pris entre deux rondelles, dont une a pu
être marquée dans la figure 3 ; toutes deux
sont reproduites dans la figure 6, par M N et
A P. Ces trois triangles, fig. 3, sont chassés
du centre à la circonférence par des ressorts
qui, d'un côté, appuient sur la tige du piston, de l'autre, sur un des côtés de ces triangles, de telle sorte que, quand le contour
de ce piston ou le cylindre même viennent
à s'user, ce piston s'élargit à mesure, et remplit un espace qui resterait vide sans la propriété dont il jouit de s'étendre de lui-même.

Les deux plaques métalliques et parallèles
M N et O P, fig. 6, sont d'un diamètre un
peu plus petit que celui du système, et servent à en retenir toutes les parties dans une
position convenable. On oppose d'ailleurs l'un
au-dessous de l'autre, deux systèmes semblables, de manière à ne former qu'un seul
piston, et de manière aussi à ne pas faire correspondre les intersections d'une des tranches avec celles de la seconde. La figure 6
représente un piston composé de la sorte, et
vu dans une position convenable, pour laisser
apercevoir la disposition des intersections.

La figure 4 donne une idée suffisante de

la forme qu'on peut donner aux pistons trian-
gulaires, convenables aux prismes dont nous
avons parlé plus haut.

On remarquera que dans l'un et l'autre
cas, les ressorts favorisent, dans la fabrication
de la machine, le rodage parfait des pistons,
et que leurs fonctions continuelles pendant
l'usage habituel, tendent toujours à convenir
intimement les parties flottantes, et ainsi à
éviter les pertes qui peuvent être la conséquence de l'usure des étoupes dans les pistons
ordinaires.

Cependant il arrive souvent que les frottemens multipliés des pistons dans les cylindres produisent contre la paroi intérieure des
cannelures longitudinales qui donnent lieu à
des pertes de vapeurs assez notables. Ces accidens nuisibles sont dus à la position constante du piston dans sa course, à la différence
d'effet qui existe entre le corps frottant et le
corps frotté, et le plus souvent à quelques
corps étrangers, qui, se faisant issue dans l'intérieur des cylindres, se fixent dans les garnitures de chanvre des pistons. Ces corps étrangers, qu'on peut supposer être des détrimens
oxidés de la chaudière, qui, par suite de l'é-

bullition tumultueuse de l'eau, se trouvent dans des positions favorables pour être poussés et entraînés par les tubes conducteurs de la vapeur, ne sauraient s'attacher de la même manière aux pistons métalliques. Mais ces derniers sont affectés d'autres inconvéniens aussi préjudiciables.

Tous les ouvriers en métaux savent combien il est difficile d'obtenir des masses de fer, quelque minimes qu'elles soient, dont toutes les parties soient parfaitement homogènes; ces accidens de la matière qui constitue le fer, sont aussi à craindre dans la construction des machines à vapeur que dans presque tous les arts qui demandent de la précision dans l'exécution.

Mais ce n'est pas seulement dans l'exécution des parties diverses qui constituent le mécanisme entier des machines à vapeur, que ces accidens de la matière deviennent nuisibles, c'est principalement dans l'usage habituel, lorsque tous les défauts cachés d'abord se découvrent ensuite, et viennent hâter la dégradation des parties soumises à un frottement réitéré.

Les accidens du fer qui résistent ordinaire-

ment à toutes les opérations qu'on fait subir à
ce métal pour lui ôter son aigreur, et lui donner ce degré de malléabilité, qui lui permet
d'obéir ensuite à toutes les formes que l'a-
dresse de l'homme veut lui donner, sont ceux
qu'on appelle communément dans les arts
grains. Ce sont des parties tellement dures
quelquefois, qu'elles résistent au burin, et
même à la lime. Lorsque le contour des
pistons contient des défauts semblables, ils
font l'office de burins, et produisent des cannelures dans toute la longueur des cylindres;
il en résulte des pertes de vapeurs, et la
prompte dégradation des cylindres.

Nous venons de supposer que les pistons
fussent attaqués de semblables défauts, mais
le contraire peut avoir lieu, c'est-à-dire que
les cylindres, dans leurs parois intérieures,
peuvent en contenir pareillement, alors
l'usure des pistons et les mêmes pertes de vapeurs, pourront en être aussi la conséquence;
toutefois, dans l'un et l'autre cas, il faut se
hâter d'aviser au remplacement de la partie
défectueuse avant qu'elle ait produit la dégradation entière des deux à la fois.

Alésés et travaillés à froid, à l'abri de toute

espèce d'effort, il arrive aussi quelquefois, dans les grandes machines à vapeur, que les cylindres se déforment, et que leur surface intérieure et circulaire prend une courbure elliptique et irrégulière. La grande pression de la vapeur dans toute la capacité intérieure du cylindre, la dilatation du métal relative à sa haute température, secondent ces altérations de formes, et les pistons n'étant pas capables de se mouler à tous ces changemens de figure, il en résulte également des pertes de vapeurs, un vide imparfait et par conséquent une grande perte de puissance.

Pour remédier aux accidens que nous venons de signaler, plusieurs chefs d'établissemens emploient deux pistons dont ils alternent l'usage, c'est-à-dire qu'après s'être servi de l'un pendant quinze jours, ils emploient ensuite l'autre pendant le même espace de temps. Les défauts des cylindres ou des pistons se détruisent ainsi peu à peu, et les cylindres qui supportent, par cette opération, un vrai rodage, d'autant plus efficace qu'il se passe à chaud, finissent par acquérir une forme régulière et dans des circonstances convenables.

On peut obtenir aussi les mêmes résultats en faisant décrire de temps en temps des portions de cercles aux pistons. Mais il faut, pour cela, que leur tige ait été fabriquée de manière à pouvoir se fixer dans toutes ces positions diverses.

CHAPITRE PREMIER.

DE LA RÉDUCTION DU MOUVEMENT RECTILIGNE EN MOUVEMENT CIRCULAIRE.

Tant que l'usage des machines à vapeur dites pompes à feu, fut borné à l'élévation de l'eau dans les corps de pompes, le mouvement rectiligne fourni par les pistons, et leur mouvement alternatif, fut trouvé suffisant pour ce genre de travail ; car il ne nécessitait point cette grande régularité, que l'on obtint ensuite au moyen du volant et du modérateur. Un appareil semblable à celui qui est tracé dans la figure 12, remplissait assez bien le but proposé ; il se composait d'un châssis A B C à pivot en A, qui était terminé par des arcs de cercle B et C destinés à recevoir l'application des chaînes. Ces chaînes étaient fixées, d'une part au piston du cylindre à vapeur, de l'autre à celui de la pompe. De plus, un contre-poids P facilitait les mouvemens descendans du piston de la pompe, et des tringles attachées au châssis servaient à ouvrir, en momens convenables, les robinets ou soupapes d'introduction.

Mais quand on voulut profiter de la puissance de la vapeur en l'appliquant à des mouvemens rectilignes et réguliers, et ensuite à des mouvemens circulaires, les inégalités de force, produites par les inégalités de tension de la vapeur aux différentes époques de la course des pistons dans leurs cylindres, devinrent un obstacle qu'on parvint cependant à surmonter.

Dans la figure 13 on a dessiné le procédé mis en usage le plus ordinairement pour obtenir le mouvement circulaire. CAB est un balancier qui se meut sur un axe A. L'extrémité B porte une fente destinée à recevoir une poulie fixée à la tige du piston ; cette poulie entraîne avec elle le balancier dans les mouvemens ascendans et descendans du piston, tandis que l'autre extrémité se trouve liée par un pivot à une bielle CD correspondante à un levier coudé DX; ce levier est fixé à carré à l'axe du volant.

Il résulte de cette combinaison que le volant se trouve sollicité à prendre un mouvement circulaire par le mouvement rectiligne correspondant de l'autre extrémité B du balancier C A B. Son effet sera d'égaliser la force qui lui est appliquée, et aussi de faire dépasser les momens où la puissance motrice cesse d'agir sur lui. Ces momens sont ceux qui correspondent à la direction en ligne droite de la bielle CD, et du levier coudé D X, ou encore à la position inverse.

Du Volant.

Mais il ne faut pas confondre les propriétés du volant avec celles que lui attribuent quelques ouvriers qui l'appliquent très souvent à tort. Le volant ne doit être considéré que comme un réservoir de force, qui en transmet à la machine dans les momens d'inertie, qui les égalise dans d'autres cas, mais il ne saurait engendrer une puissance qu'il n'a pas reçue, et que le frottement de sa superficie dans l'air ambiant de ses tourillons relatifs à sa masse, tendrait incessamment à détruire.

Pour obtenir beaucoup d'effet de l'emploi du volant, il est reconnu qu'il vaut mieux augmenter la vitesse que la masse, parce que cette augmentation de vitesse, loin de rendre les frottemens des tourillons plus grands, tend au contraire à les diminuer, surtout si on a la bonne précaution de les maintenir lubrifiés.

La vitesse qu'on veut appliquer au volant étant connue, voici la règle qu'on suit ordinairement pour trouver le poids qu'il convient de leur affecter : « Multipliez le nombre de chevaux que représente la machine par 2000, et divisez le produit par le carré de la distance, en pieds, parcourue par un point de la circonférence dans une seconde, le quotient sera le nombre de quintaux que doit avoir le volant. » Pour avoir à ce sujet des notions plus exactes, consultez le *Traité élémentaire des machines* de M. Hachette, deuxième édition, page 221.

Les ouvriers doivent bien se pénétrer que l'emploi du volant devient défectueux quand l'égalité de puissance motrice n'est pas nécessaire à leurs travaux ; que, dans ce cas, le mouvement rectiligne des pistons peut s'appliquer immédiatement à la résistance à vaincre. Mais que s'ils ont besoin d'un mouvement rectiligne régulier, ils ne sauraient l'obtenir autrement que par l'usage d'un volant; alors la puissance du piston s'appliquera d'abord au volant, par le procédé que nous avons indiqué plus haut, ou par tout autre qu'ils trouveront plus simple , et ensuite, ils reproduiront le mouvement rectiligne qui alors sera devenu régulier.

La figure 24 indique une autre manière très simple de réduire immédiatement le mouvement rectiligne des pistons en mouvement circulaire, sans employer le balancier.

MCNK est une partie de l'affût qui soutient l'axe du volant ABC, et qui sert de coulisse à une poulie D qui est établie à l'extrémité de la tige du piston de la machine. Les bielles BD et BL sont à charnière, en B et en D sur l'essieu de la poulie. L'axe du volant, taillé en carré, est fixé en L au levier BL. Le rouet D porte une gorge circulaire pour correspondre aux deux coulisses de l'affût.

Le cylindre moteur est fixé en dessous de la table ou planche métallique O P, et le reste du mécanisme se trouve placé dans les environs, suivant les localités.

On conçoit, par la seule inspection de la figure, comment le mouvement et la puissance peuvent se communiquer immédiatement au volant ; comment aussi, par l'axe de la poulie qui conserve toujours un mouvement alternatif, on peut obtenir les portions de puissance rectiligne propres à mettre en jeu les pompes du condenseur et de la chaudière.

Mille autres moyens de réduction ont été employés suivant les idées particulières à chaque ouvrier mécanicien ; nous n'avons indiqué que les principales ; mais nous pensons qu'il faut croire qu'on en inventera de bien plus efficaces lorsque les avantages de cette branche de la mécanique, qu'on doit considérer entièrement comme dans son origine, seront plus connus de la plupart des mécaniciens et des industriels éloignés.

C'est principalement sur ces moyens de communication de la force motrice que doit se porter l'attention des innovateurs ; les plus simples seront presque toujours les meilleurs. Et sachant que dans les machines à vapeur ordinaires plus de la moitié de la force de la vapeur se trouve inutilement employée par

les frottemens et par les inégalités de transmission du mouvement moteur, c'est donc
à prévoir ou corriger ces défauts qu'ils doivent s'attacher spécialement, sans toutefois
s'écarter de cette règle générale.

De cette règle générale, que toute complication de mécanisme étant évidemment défectueuse, il faut appliquer immédiatement
le mouvement rectiligne des pistons à la
résistance, lorsque le travail n'exige pas de
régularité, et, dans le cas contraire, interposer l'effet du volant entre les deux mouvemens rectilignes. Pour le mouvement circulaire et régulier l'arbre du volant le fournit immédiatement.

L'usage des volans, quant aux localités,
eût été incommode à bord des bâtimens à
vapeur, aussi y a-t-on prévu par l'emploi
de deux cylindres moteurs, et par la manière dont on fait communiquer leur puissance à l'arbre auquel sont adaptées les
roues à aubes. Cet arbre (fig. 15) est doublement coudé, et les deux coudes font entre
eux un angle tel, que les deux pistons, par
la communication des bielles, n'agissent qu'à
des époques différentes de leurs courses sur

les encastremens A et B. Dans ces deux positions, la puissance particulière à chaque
piston est combinée de manière à ce que
l'excès de l'une compense le défaut de l'autre.
L'emploi du volant serait inutile à cette machine, qui, par ce procédé, se trouve à
l'abri des inégalités produites par les différentes tensions de la vapeur dans les cylindres
moteurs.

Du Modérateur.

L'usage du modérateur ingénieux que nous
allons décrire concourt également à régulariser la puissance des machines à vapeur. Il
se compose (fig. 14) de deux boules en
métal B et C, dont les tiges sont fixées à
charnière en D dans une fente pratiquée à
l'arbre tournant du système, ensuite en EE
à deux pièces qui sont aussi à charnière en AA.
Cet arbre est mis en mouvement par un engrenage dépendant du mouvement de rotation de la machine, ou par un cordon qui
entoure la gorge de la poulie MN. Le mouvement circulaire qu'acquiert ainsi cet arbre
fera que les deux boules s'écarteront d'autant plus qu'il sera plus rapide. Par cet effet,

qui est dû à la force centrifuge, le collet A A,

Soupapes d'introduction.

Pour introduire alternativement la vapeur

qui conduit la vapeur au condenseur, quand
elle a produit son effet dans le cylindre. R est
un robinet dont la forme est telle qu'il puisse
établir alternativement la communication
entre ces deux conduits; il est mis en jeu
par un manche extérieur M, qui, à cet
effet, participe au mouvement propre de la
machine à vapeur. Dans le cas de la figure,
le robinet a une position convenable pour
opérer l'introduction de la vapeur dans la
partie inférieure du cylindre, tandis que
celle qui se trouve en dessus du piston est
libre de communiquer avec le condenseur.
Dans la position inverse, le piston serait au
haut de la course, le robinet aurait décrit
un quart de révolution, et les communications se trouveraient établies dans un sens
opposé, c'est-à-dire que la vapeur contenue
au-dessous du piston, qui serait alors au haut
de la course, serait libre de se rendre au condenseur par E, tandis que la vapeur arriverait par V au-dessus du même piston.

Le système de robinet à quatre fins convient parfaitement aux machines de petites
dimensions et d'une médiocre puissance;
mais pour les machines destinées à produire

de grandes forces, on préfère le système de soupape que représente la figure 17; on l'appelle *Système de soupape à tiroir.*

Soupape à tiroir.

Cette figure représente une section du cylindre et du tube qui établit alternativement la communication de la vapeur avec le haut et le bas du cylindre; ce tube est indiqué ici par les lettres V V V; celui qui conduit la vapeur au condenseur ne peut y être représenté, parce que sa position latérale, par rapport à ceux-ci, nous empêcherait d'en apercevoir le jeu. Mais on concevra comment ce tube doit être situé pour que, dans les temps convenables, il puisse communiquer avec les petites ouvertures carrées O O, pratiquées au tiroir. Ce tiroir se compose de toutes les parties ombrées qui sont liées entre elles de manière à former un petit solide, long et rectangulaire, qui est mis en fonction par une tige T; cette tige, après avoir traversé une boîte à étoupe imperméable, reçoit son mouvement de celui de la machine même.

A ce tiroir sont pratiquées quatre ouvertures, deux d'entre elles V V servent à établir la communication entre le cylindre et la chaudière ; les deux autres sont coudées, et, dans la figure, on ne peut apercevoir que les parties latérales O O, communiquant aux tubes correspondans du condenseur, qui, comme nous venons de le dire, ne peut non plus se voir. L'autre partie de ces ouvertures coudées se trouve en face du cylindre, dans une position convenable pour recevoir la vapeur et la conduire par O O jusqu'au condenseur. Dans le cas figuré par la planche, le piston descend ; l'entrée de la vapeur par en haut est libre, tandis que par en bas l'ouverture coudée se trouve dans une position convenable pour conduire la vapeur de la partie inférieure du cylindre au condenseur. La figure 17 *bis* représente une soupape semblable, adaptée au cylindre d'une machine à vapeur à simple effet.

Ce procédé de soupape à tiroir est le plus ordinairement mis en usage, parce que, comme on voit, il est à l'abri de l'usure, ou du moins son effet ne peut tendre qu'à établir avec rigueur la convenance intime des faces qui se touchent et qui frottent l'une

contre l'autre : en effet l'action de la vapeur,
arrivant en V, est de presser continuellement
ce tiroir contre les ouvertures et contre les
plans qui leur sont adjacens. Ce système de
tiroir peut aussi s'établir cylindriquement
et fonctionner dans un tube d'une forme
semblable.

CHAPITRE II.

DES MACHINES A VAPEUR EN GÉNÉRAL.

La puissance des machines à vapeur peut être, en général, considérée comme le résultat d'un courant de vapeur plus ou moins vigoureux, qui passe en temps convenable sous un piston mobile, et qui, après ce trajet, se trouve refoulé à l'état d'eau dans la chaudière qui la produit.

La figure 18 représente l'appareil qu'on met ordinairement en usage pour profiter avec avantage de ce principe. A est un foyer concentrique à la chaudière; entre ces deux cylindres est l'eau qui doit fournir la vapeur. T est l'extrémité du tube de la cheminée qui communique avec le foyer, après avoir traversé la capacité occupée par l'eau. M, cylindre; E, tige de piston moteur. Elle passe dans une boîte à étoupe imperméable K R, qui doit contenir des matières grasses des-

tinées à lubrifier cette tige. G H, balancier ;
il communique la puissance du piston à la
bielle du volant. I I sont deux tiges qui correspondent, l'une au piston de la pompe
alimentaire de la chaudière, l'autre à celui
de la pompe du condenseur. La tige F, qui
circule dans une ouverture pratiquée à la
traverse T T, porte deux bourrelets qui, en
s'appuyant sur elle, ouvrent et ferment en
temps convenable les soupapes d'introduction ; l'autre tige fonctionne semblablement.

Quand le feu est allumé, on attend que
la vapeur ait acquis le degré de tension sous
lequel on veut faire travailler la machine.
D'abord, le premier effet produit par la vapeur sera de chasser l'air des différentes
capacités qui entrent dans le système de la
machine. Cette opération se termine en peu
d'instans, et lorsque toutes les parties en
contact avec la vapeur auront acquis une
chaleur suffisante, elle entrera en fonction.

La vapeur, en s'introduisant en temps
convenable et alternativement dans chacune
des deux parties du cylindre, donne au piston la puissance nécessaire pour faire agir le
balancier auquel sont adaptés, d'une part,

les tiges des pompes et la tringle de la soupape d'introduction, de l'autre, la bielle qui
met en mouvement le volant. C'est, nous
l'avons dit, de ce dernier que l'on retire la
puissance qu'on doit employer. La force,
ainsi produite et réduite à l'axe du volant, sera
égale à la pression moyenne de la vapeur, plus,
celle de l'atmosphère, moins, la résistance
due au frottement des différentes parties de
l'appareil, moins encore, la quantité due à
l'imperfection du vide; il faudra encore re-
trancher les inégalités de puissance qui résultent des positions défavorables des bielles
qui, dans plusieurs époques de la révolution
du volant, ne favorisent pas ou contrarient
la libre transmission de la force motrice;
enfin, quelques pertes de vapeurs inévitables.

Nous venons de dire que l'estimation de la
force de la machine est la pression moyenne
de la vapeur, car, pour profiter de toute
l'élasticité de ce fluide et pour en tirer tout
l'effet possible, on a le soin de ne faire arriver la vapeur dans les cylindres que jusqu'à
une certaine portion de la course des pistons.
On profite ensuite de cette vertu expansive

pour leur faire fournir le reste de la course, et de manière à ce qu'ils n'arrivent à l'extrémité des cylindres qu'avec une puissance égale seulement à la force de l'atmosphère. Il résulte de là que les chaudières contiennent effectivement une vapeur beaucoup plus tendue que celle qui agit ensuite dans les cylindres, puisque cette dernière ne peut être exprimée autrement que par la tension moyenne de la vapeur des différentes époques de la course du piston. (1)

Toute espèce de choc de la part de la vapeur, pouvant occasionner des accidens graves, surtout lorsqu'on travaille avec de la vapeur d'une tension très haute, son admission dans les cylindres doit être réglée de manière à ce qu'elle soit lente d'abord, plus abondante ensuite, enfin libre jusqu'à la portion de course déterminée. La soupape d'introduction doit être construite sur ces principes.

La réunion de ce principe et de l'appareil

---

(1) Cette manière de profiter de la vertu expansive de la vapeur, doit être mise au rang des plus grands avantages que présentent les machines à haute pression.

que nous avons décrit plus haut, constitue
le mécanisme des machines à vapeur dont
on se sert le plus communément dans les
arts et dans la marine. M. Wat, mécanicien
anglais, ayant beaucoup coopéré à la simplification des parties qui en composent le mécanisme, cette machine a conservé son nom,
et on la connaît généralement sous le nom
de *machine de Wat*.

Lorsque M. Wat eut produit sa machine
à vapeur avec tous ses perfectionnemens, on
était généralement d'accord que cette branche de la mécanique avait atteint sa dernière
limite de perfection ; mais un autre ingénieur
mécanicien, M. Woolf, vint ensuite, armé
d'une théorie basée sur une nouvelle propriété
qu'il reconnut à la vapeur, faire entrevoir
les moyens d'en obtenir encore plus d'avantages. En vain voulut-on amoindrir la supériorité de son système par le désavantage
de la complication du mécanisme qui en
était la conséquence ; en vain chercha-t-on à
ajouter à la machine de M. Wat un second
fourneau et une seconde enveloppe semblables à celui qui, dans l'appareil de
M. Woolf, produit des effets plus ayanta-

geux; des expériences comparatives entre les dépenses et les produits confirmèrent un système qui était le fruit d'une érudition profonde, et non pas d'une tenacité intéressée ou doctrinaire, commune à beaucoup d'inventeurs.

Ce mécanicien base son système sur ce principe, que si une capacité contenant un certain volume de vapeur, égale en tension à 1, 2, 3... 10, 100, etc. livres en sus de la pression atmosphérique, devient 1, 2, 3...10, 100 fois plus grande, la tension de la vapeur sera encore égale à la pression de l'atmosphère, pourvu qu'on ait soin d'augmenter la température du vase dans une proportion convenable.

Cette règle est bien différente de celle qui a servi de base à M. Wat et en dernier lieu à Oliver Ewans. Ces mécaniciens, en se fondant sur la loi des fluides élastiques permanens, disaient que si une quantité donnée de vapeur, à trente livres par pouce carré en sus de la pression atmosphérique, était contenue sous cette tension, d'abord dans un espace égal à un, son élasticité et sa puissance seraient réduites à 15 dans un espace égal à 2. Ce raisonnement était presque vrai dans le fond ; mais en considérant physiquement ce qui se passe dans cette opération , on verra que l'extension double de la vapeur dans un espace double , que la dimension de puissance qui en résulte , sont relatives à la perte de calorique qui en est aussi la conséquence inévitable ; que si , comme M. Woolf le pratique, on rétablit cette perte de calorique par un moyen quelconque , la vapeur ne saurait perdre de sa puissance dans un aussi grand rapport. Or , c'est sur de pareils faits que ce mécanicien pose son principe , et il paraît qu'ils sont fondés , puisque la machine avec laquelle il les met en pratique, toute défectueuse qu'elle est quant au mécanisme , présente encore des résultats supérieurs à ceux des autres machines. Toutefois nous pensons qu'il a trop limité son raisonnement, et que l'extension dont il est susceptible sera probablement la cause du plus grand perfectionnement qui , dans la suite , sera apporté au mécanisme des machines à vapeur.

L'appareil que M. Woolf emploie pour profiter de son système , est celui de Hornn-

blower. Il se compose de deux cylindres moteurs, A et B, fig. 19, dont les capacités
sont réciproques à l'expansion qu'il compte
donner à la vapeur. Ces cylindres inégaux
sont destinés à recevoir deux pistons dont les
tiges doivent transmettre la puissance au balancier; ils fonctionnent en même temps, c'est-
à-dire qu'ils montent et descendent ensemble
par un mouvement semblable et parallèle.

Nous supposerons pour le moment que
la vapeur soit déjà introduite au-dessous du
piston du petit cylindre, et qu'un tube E
soit convenablement disposé pour établir une
communication entre la partie inférieure
du même cylindre et la partie supérieure
du grand; alors cette vapeur agira sur le
grand piston, et en même temps au-dessous du petit, et malgré l'effet contraire de
ces deux forces, le grand entraînera le petit
dans un même sens. L'expression de la puissance exercée dans ce moment sera égale
seulement à la différence de leurs deux superficies. Pendant cette opération, le robinet R du tube qui communique au condenseur sera ouvert, et la vapeur qui se trouve
au-dessous du grand piston pourra s'y ren-

dre librement, et le vide aura lieu dans la capacité correspondante du grand cylindre.

Le mouvement descendant des deux pistons sera d'ailleurs secondé par la pression de la vapeur arrivant de la chaudière par E, au-dessus du petit piston. Pendant sa descente, la puissance de ce piston sera proportionnée à la tension que la vapeur a dans la chaudière, et cet effet, relativement à la force de la machine, doit s'ajouter à celui que nous avons considéré plus haut. Toutefois, dans l'un et l'autre cas, nous faisons abstraction des frottemens.

Maintenant, supposons les deux pistons au bas de leur course, que l'introduction de la vapeur dans le petit cylindre soit interrompue, qu'un tube latéral au petit et au grand cylindre se trouve débouché pour établir une communication entre les capacités inférieures et supérieures que séparent les pistons, alors la vapeur sera libre de se répandre dans tout l'appareil, et les pistons pourront remonter sans difficulté. Le robinet R, dans cette opération, sera fermé, et les capacités A et B se rempliront de vapeur dilatée. Après cela, les pistons pourront fonctionner de la même manière que nous l'avons indiqué plus haut.

Jusque-là, l'appareil de M. Woolf n'offrait rien qu'on ne pût obtenir avec celui de M. Wat; il était même inférieur en ce que la complication du mécanisme, résultant de l'addition d'un second cylindre, donnait lieu à une augmentation de frottemens, et surtout en ce qu'il offrait le désavantage de présenter à l'expansion de la vapeur un espace beaucoup trop grand relativement à celui qu'elle est susceptible d'occuper, bien qu'elle ne soit pas tout-à-fait dans le cas des fluides élastiques permanens et secs.

La théorie sur laquelle est basée la loi des fluides élastiques, permanens et secs, ne peut évidemment s'appliquer à la vapeur d'eau, qui est un fluide éminemment différent eu égard à sa nature aqueuse; et ensuite, dans les expériences qui ont fourni cette loi, on n'a pas eu égard à l'abaissement de température qui était la conséquence d'un plus grand développement dans les espaces occupés par les fluides soumis à l'épreuve; et si ce manque de calorique eût été rétabli par un moyen quelconque, il est probable qu'on eût trouvé quelques relations entre leurs théories et celle de M. Woolf, sur la vapeur d'eau.

Il résultait donc de l'application d'un second cylindre, que dans quelques cas le piston du grand cylindre, au lieu d'être poussé par la force expansive de la vapeur, eût été attiré dans un sens contraire, et arrêté dans sa course par son défaut d'expansion.

Mais si, comme M. Woolf le pratique, on ajoute un second fourneau destiné à chauffer le grand cylindre, la perte de calorique résultant et de l'expansion de la vapeur dans un grand espace, et du contact d'un cylindre, que plusieurs causes tendent encore à refroidir, pourra être comblée, avec excès même, pour obtenir du fluide une force élastique bien supérieure à celle qu'obtient ce mécanicien.

Ces effets sont dus à la grande capacité dont jouit la vapeur d'eau pour s'emparer du calorique, c'est-à-dire qu'une certaine somme de combustible agissant immédiatement sur la vapeur d'eau, fera plus d'effet que cette même somme de combustible, agissant sur l'eau de la chaudière.

Nous avons dit que M. Woolf place sous son grand cylindre un foyer destiné à le chauffer, ainsi que la vapeur qui lui est transmise par le petit cylindre. Il recommande en outre l'emploi d'une seconde enveloppe et d'un fluide peu vaporisable pour favoriser la transmission du calorique, mais nous pensons que cette complication peut s'éviter par une communication directe du foyer.

On a vu que la vapeur arrivant de la chaudière agit d'abord sur le petit piston, et ensuite sur le grand; qu'à mesure que ce dernier fournit sa course, elle se trouve dilatée dans un plus grand espace; que, dans ce cas, au lieu de diminuer de tension comme les fluides élastiques permanens, elle conserve encore, par l'addition d'une certaine somme de calorique, une tension beaucoup plus grande.

On remarquera en outre que, par suite des nouvelles qualités qu'acquiert la vapeur dans le second cylindre, c'est-à-dire par son changement de densité et de température, elle ne tarderait pas à s'équilibrer promptement avec celle de la chaudière, s'il arrivait que leur communication fût directe dans quelques époques des fonctions de la machine; mais l'interposition du petit cylindre s'oppose à cette libre communication, puisque la vapeur du petit cylindre n'arrive sur le grand piston que quand toutes les issues sont bouchées.

D'après cela, il est évident que, même par l'application d'un second fourneau, l'appareil de M. Wat ne saurait jouir des mêmes propriétés, puisque, quand son cylindre sera échauffé, qu'il en résultera une plus grande tension dans la vapeur arrivant de la chaudière, cet excès de tension et de température tendra incessamment à rétablir l'équilibre entre la vapeur de la chaudière et celle du cylindre, et il n'en résulterait tout au plus qu'une augmentation de puissance proportionnelle à la quantité de combustible nécessaire pour alimenter les deux foyers.

Il résulte donc de ce que nous venons de dire, que la supériorité du système de Woolf dépend de deux causes qui agissent l'une par l'autre, c'est-à-dire de la grande dilatation qu'il donne à la vapeur lorsqu'elle arrive dans son grand cylindre; secondement, de l'interposition du petit cylindre, qui l'empêche d'aller s'équilibrer, ainsi tendue, avec celle de la chaudière.

Que dans le cylindre unique de Wat la vapeur ne saurait acquérir de tension secondaire, qui ne soit aussitôt distribuée dans toute la chaudière, par l'effet de la communication qui est établie directement entre ces deux capacités.

Pour démontrer la supériorité du système de Woolf, nous ne saurions mieux nous y prendre que de faire connaître les travaux de M. Lean (1), inspecteur-général des mines en Angleterre. Ils font voir que le travail moyen de 20 machines de Wat a été de 20,000,000 livres d'eau élevées à un pied de hauteur, avec un boisseau de combustible (houille). . . . . 20,000,000 liv.
tandis que le travail moyen
d'une machine de Woolf,
pendant le même temps et
avec la même quantité de
combustible, a été de. . . 50,000,000
   Différence en faveur de
cette dernière machine. . . 30,000,000 liv.

_____

(1) Nicholson.

Il résulte d'un autre travail du même inspecteur,
que le produit moyen de
33 machines de Wat, a été
de. . . . . 20,694,630 liv.
Et celui d'une machine de
Woolf, établie à Wheal-
Vor, comté de Cornwal. . . 47,900,333

Différence en faveur de
la machine de Woolf. . . . 27,205,703 liv.

Une autre machine de
Woolf, établie à Wheal-
Abraham, a fourni un pro-
duit égal à. 45,896,382
Une autre fois. 51,500,000
Enfin une autre fois. . . . 56,917,312

Mais aujourd'hui ce n'est pas seulement
sous le rapport de l'augmentation de la puissance qu'on doit déterminer la valeur du
système de Woolf; il mérite une attention
toute particulière, en ce que, sans donner à
la vapeur des chaudières cette haute tension, qui quelquefois les fait éclater, on
peut encore travailler avec une vapeur également puissante, en l'obtenant telle dans les

cylindres qui, par leur petitesse de volume, peuvent aussi se fabriquer très résistans.

Mais nous pensons qu'on peut encore obtenir beaucoup plus de puissance de la machine à vapeur, suivant le procédé de M. Woolf, soit en augmentant la température du second cylindre dans une plus grande proportion, soit en multipliant davantage les cylindres, et en leur donnant des capacités et des températures réciproques à la température extrême du dernier.

Nous pensons en outre que ces cylindres auxiliaires peuvent se remplacer avantageusement et spécialement par des pompes à vapeur aspirantes et foulantes, maintenues à un degré de température progressivement plus intense depuis la chaudière jusqu'au dernier cylindre. La première du côté de la chaudière aspirerait une quantité convenable de vapeur à 100°; cette vapeur serait aspirée par la seconde pompe qui, plus élevée en température, lui communiquerait aussi une tension plus grande; de celle-ci elle passerait dans la troisième, où elle se tendrait encore davantage; de la troisième dans la quatrième; enfin de la dernière dans le cylindre moteur, qui lui-même jouirait d'une tempé-rature progressivement plus élevée.

Une pompe de cette espèce peut s'adapter à la machine de Wat, et alors le second fourneau rendra un service semblable à celui de Woolf.

En nous arrêtant quelque temps pour faire connaître les causes qui donnent de la supé-riorité au système de Woolf, nous avions principalement en vue d'attirer l'attention des mécaniciens sur les avantages qui peu-vent résulter de l'application de la chaleur à la vapeur même; et, en effet, ces avantages sont bien de nature à encourager ceux qui cherchent à remplacer les chaudières par des générateurs, parce que dans ces derniers, nous avons déjà eu occasion de le dire, les mêmes circonstances ont lieu à l'égard de la vapeur produite par l'eau, qui cesse d'exister sous cette forme liquide très peu de temps après son contact avec les générateurs.

Nous pensons que les machines à vapeur n'arriveront à leur perfection que lorsque les lois qui régissent la vapeur d'eau, consi-dérées sous le rapport de son expansibilité, seront bien connues, et lorsqu'on saura de

combien un pouce cube de vapeur, avec
l'addition d'une chaleur quelconque, peut
se dilater encore sans perdre de sa force, ou
bien quelle est la plus grande quantité de
force qu'il peut conserver par une addition
de température, et une augmentation de
capacité en même temps ; or, ce travail important est encore à faire. (*Voyez* la note à
la fin du volume.)

Machines d'Oliver Evans.

Oliver Evans, des États-Unis, emploie la
vapeur d'eau à un degré de tension bien supérieur à celui de la plupart des machines à
vapeur dont on se sert aujourd'hui dans les
arts. Auparavant on connaissait bien les propriétés de la vapeur d'eau fortement tendue ;
mais on craignait de ne pas pouvoir opposer
à une aussi énorme pression des matières assez
résistantes, et c'est à ces craintes qu'on doit
de n'avoir pas appliqué plus tôt les principes
qui ont dirigé ce mécanicien dans ses travaux.

Appuyé des expériences de Dalton sur la
vapeur, de ses expériences particulières sur
la résistance des métaux, ce mécanicien en-
treprit l'exécution de plusieurs machines où

la tension de ce fluide était portée jusqu'à 8 et 10 atmosphères. Ses travaux furent même surpassés depuis par ceux de M. Perkins, qui reprit les expériences antérieures du célèbre physicien français Papin.

Mais aujourd'hui on est généralement d'accord sur ce point, que le principal avantage qu'on puisse retirer de la vapeur, élevée à un très haut degré de tension et par conséquent de température, est celui qui résulte de sa force expansive. La résistance des chaudières ne sera même pas aussi nécessaire si on réunit le système d'Oliver Evans à celui de M. Woolf, et c'est ce qui nous a fait dire plus haut que ce dernier aurait ainsi contribué au plus grand perfectionnement qui serait applicable dans la suite aux machines à vapeur.

On doit à Oliver Evans un ouvrage très estimé, dans lequel son système à haute pression se trouve suffisamment développé. Mais nous devons regretter que cet américain, et en général tous les physiciens qui en ont eu les moyens, n'aient fait aucune expérience relative d'abord aux dégradations des chaudières dans les circonstances où elles travaillent sous d'aussi fortes températures et tensions en même temps, et ensuite sur la résistance du fer sous des températures semblables à celle de la vapeur employée.

Il n'y a aucun doute que la nature du métal des chaudières ne doive souffrir et du contact de la vapeur très chaude dans l'intérieur et du contact très froid de l'air à l'extérieur. Des gerçures et des éclats peuvent être la suite des différences de dilatation; mais ces accidens, nous tenons à le répéter, peuvent se prévoir par la réunion du principe de M. Woolf à celui d'Oliver Evans.

Voici une table qui indique les lois suivant lesquelles la puissance de la vapeur d'eau peut s'accroître relativement à sa température :

Table où l'on indique quelle est la température de la vapeur d'eau, relativement à sa puissance.

Thermomètre centigrade.	Tension exprimée en atmosphères et parties d'atmosphères.
100	1 atmosph.
112,2	1 $\frac{1}{2}$
122,0	2
129	2 $\frac{1}{2}$
135	3
140,7	3 $\frac{1}{2}$
145,2	4
150	4 $\frac{1}{2}$

Thermomètre centigrade.	Tension exprimée en atmosphères et parties d'atmosphères.
154	5 atmosph.
158	5 $\frac{1}{2}$
161,5	6
164,7	6 $\frac{1}{2}$
168	7
170,7	7 $\frac{1}{2}$
173	8

Il est visible, par cette table, que quand la vapeur d'eau avait acquis 100° de chaleur, il suffisait de lui ajouter 22° pour doubler sa tension. Que quand elle était tendue à 145°, ou 4 atmosphères, une augmentation de 27°,8 était suffisante pour la porter à 8 atmosphères. Mais on voit aussi que cette progression fléchit à mesure que la température s'élève.

Il restait à prouver que les 22° ou 27°,8, qui doublaient la force primitive de la vapeur, n'étaient pas relatifs à une dépense double de combustible; or, Oliver Evans dit qu'il a expérimenté que si quatre boisseaux de charbon produisaient une vapeur égale en tension à une atmosphère, cinq étaient suffisans pour obtenir une puissance double : il y aurait donc évidemment un très grand avantage à employer la vapeur d'eau à une forte pression.

Mais en s'appuyant sur ce que la quantité proportionnelle de combustible nécessaire pour doubler la tension de la vapeur d'eau diminue encore à mesure que l'on agit sur des températures plus élevées, il n'est pas exact, et la table précédente, qui a été dressée par ordre de l'Académie des Sciences, fait assez voir qu'il s'est trompé. Toutefois cette erreur ne détruit pas les avantages de son système.

Les machines à haute pression, par la petitesse de leur volume, deviennent très commodes, et par l'économie du combustible très profitables; avantageuses encore quand elles travaillent sans condenseur, elles présentent aussi le seul moyen de résoudre avec succès le problème qui a pour but d'appliquer la puissance de la vapeur au transport par terre des voitures et des marchandises; aux États-Unis, elles sont déjà employées avec avantage pour la navigation, et elles doivent, sans doute, occuper un rang élevé dans l'échelle des perfectionnemens, qu'a reçus, depuis son application aux arts et métiers, cette branche importante de la mécanique.

CHAPITRE III.

DES MACHINES A VAPEUR A MOUVEMENT IMMÉDIA-
TEMENT ROTATIF.

OUTRE les pertes de puissance qui sont dues aux frottemens des pistons dans leurs cylindres, à celui des différentes pompes appliquées à la chaudière et au condenseur, à celui des soupapes d'introduction et de leurs tiges, il en est encore d'autres presque inévitables dans les machines à vapeur ordinaires.

Parmi ces pertes de force motrice, on doit ranger en première ligne celles qui sont occasionnées par la direction défavorable des bielles, qui souvent est telle, qu'elles ne peuvent nullement communiquer la force motrice, ou dont la position, dans quelques cas, a l'inconvénient de la diviser considérablement.

Ensuite, la vapeur d'eau, lorsqu'elle passe de la chaudière dans les cylindres, y arrive avec une force égale à sa masse par le carré de la vitesse, elle y rencontre le piston dans un moment où, achevant sa course, on peut le regarder comme inerte, quelquefois dans un moment où il se meut encore dans un sens rétrograde; il en résulte un choc violent qu'il faut absolument prévoir, et qui donne lieu à une perte appréciable de puissance.

Ajoutons à ces causes de destruction de puissance, celles qui résultent des courses sans cesse alternatives et rétrogrades des pistons. On sait que dans leurs fonctions ils acquièrent une vitesse lente d'abord, plus énergique ensuite, pour la perdre spontanément au bout de leur course, et la reproduire dans un sens entièrement opposé. Ainsi, la puissance et la vitesse des pistons acquises dans une direction, se trouvent autant de fois dégénérées et régénérées qu'il y a de pulsations dans les fonctions de la machine, et ces effets seront d'autant plus défavorables à la force communiquée, qu'ils s'accordent toujours avec les momens où la position parallèle des bielles s'oppose à la transmission libre de la puissance, ou quand une situa-

tion très oblique de ces dernières la divise
considérablement. L'effet régulateur du volant ne saurait nullement compenser des
pertes de puissance aussi marquées, et d'ailleurs il ne jouit d'aucune qualité qui puisse
le rendre avantageux sous ce rapport.

La précaution qu'on a de n'introduire la
vapeur que peu à peu, jusqu'à une certaine
portion de course, peut être utile pour prévenir les secousses auxquelles donnerait lieu
une introduction trop brusque et trop abondante de vapeur. Mais il n'en reste pas moins
constant que le moment où les pistons ont
acquis le plus de puissance et de vitesse, sont
précisément ceux où ils sont obligés de changer spontanément de direction, et que, ni
la manière d'introduire la vapeur, ni l'effet
du volant, ne sauraient fournir des compen-
sations équivalentes.

Nous avons déjà dit qu'ordinairement on
ne fait arriver la vapeur dans les cylindres
que jusqu'à une certaine portion de la course
des pistons ; on sait que pour le reste de la
course on profite de la vertu expansive de la
vapeur d'eau, de telle sorte que les pistons
n'arrivent au haut de leurs cylindres qu'avec

une charge égale à celle de l'atmosphère, c'est-à-dire, 14 livres par pouce carré de surface, ou encore (1^k,063 sur 1 centimètre carré de surface).

Dans les machines qui fonctionnent avec la condensation, on calcule son effet de manière à ce que la somme de refroidissement, par injection, ou autrement, soit capable de condenser une somme de vapeur d'une qualité donnée, c'est-à-dire d'un nombre de degrés de chaleur, et, par conséquent, de tension déterminée. Or, ces qualités de la vapeur changent à chaque instant, par l'inégalité du feu, le changement de niveau dans la chaudière, la différence de température de l'eau d'injection et du condenseur. Il arrive de là que le vide souvent n'est pas parfait, et qu'alors le piston trouve encore derrière lui une certaine quantité de vapeur qu'il refoule contre les fonds du cylindre.

Cet accident, qui détruit une très grande portion de puissance, se remarque dans la pompe à feu de Chaillot; le piston n'étant pas encore rendu au haut de sa course, l'ouverture du fond qui donne passage à la tige, laisse visiblement suinter une grande quantité de vapeur qui se trouve refoulée dans le mouvement ascendant du piston.

Cette perte de vapeur, moins à redouter que la perte de puissance qui en est la conséquence immédiate, pourrait être prévue, ou du moins bien atténuée, par une communication continue avec le condenseur ; mais cette installation ne peut convenir au cylindre rectiligne, car on se trouve dans l'obligation d'alterner les positions des conduits de la soupape d'introduction, afin de pouvoir se servir tour à tour du vide et du plein.

Dans le but de remédier aux accidens que nous venons de signaler, les mécaniciens se sont occupés de la recherche d'un mouvement immédiatement circulaire ; c'est-à-dire qu'on a voulu appliquer la force de la vapeur à une roue à vanne, comme on applique un courant d'eau à une roue à aube pour profiter du mouvement de rotation de l'axe.

La plupart des machines à vapeur immédiatement rotative, connues jusqu'à ce jour, portent intérieurement, pour servir d'appui

à la vapeur, des cloisons fixes, et alors elles
ne sont pas entièrement rotatives, ou des
cloisons mobiles, à tiroir ou à charnière, et
alors elles sont entièrement circulaires et con-
tinues. Toutefois, dans ces dernières machines, la complication du mécanisme n'a
fait que changer d'application, et ne saurait
s'accorder, quant aux articulations des cloisons mobiles, ni avec un long usage, ni avec
un des premiers avantages qu'on recherche
dans les machines, c'est-à-dire la simplicité
du mécanisme.

Les mécaniciens anglais et américains se
sont beaucoup occupés de ce genre de machines : une d'entre elles a obtenu, dit-on,
des avantages, et nous ne négligerons pas
d'en faire mention dans cet ouvrage. Nous
avouerons cependant que la plupart des essais
jusqu'à présent nous ont paru infructueux;
nous ne compterons pas dans leurs nombres
celles d'un mécanicien anglais qui a obtenu
un mouvement de rotation en faisant arriver la vapeur sur les vannes d'une roue
extérieure, ni celles pour le jeu desquelles
on emploie, soit la dilatation de l'air, soit
un fluide quelconque comme véhicule : sans

puissances aucunes, ces machines suffisent-
à peine à un moment de curiosité.

Les machines de ce genre sont de deux
espèces, les machines presque rotatives, et
les machines entièrement rotatives.

Les figures 25 et 26 représentent une machine à vapeur presque circulaire ; ABCD est
un cylindre dont les deux faces circulaires
sont bouchées par des disques de métal assez
épais pour résister à la pression qui s'exer-
cera sur toute leur surface intérieure ; AB est
une vanne fixée à l'axe, et qui est destinée
à se mouvoir avec lui ; B est une cloison fixe
qui doit frotter sans cesse contre l'axe tournant A ; VV' sont les tubes qui font arriver
la vapeur dans la boîte, ou qui la dirigent
à propos au condenseur.

On conçoit bien qu'en faisant arriver la
vapeur dans une boîte qui serait ainsi fabriquée, mais qui ne porterait pas de cloison
comme F, elle se rendrait immédiatement au
conducteur sans agir sur la vanne de l'axe,
et quand cet axe serait muni de plusieurs
vannes, et qu'elles fussent disposées de manière à présenter une position favorable à
l'impulsion de la vapeur, celle-ci, agissant sur

deux vannes à la fois, ne saurait en solliciter une dans un sens sans pousser l'autre dans un sens contraire ; c'eût été le cas d'équilibre. Mais l'interposition de la cloison, en servant d'appui à la vapeur, sert aussi à imprimer à l'autre vanne un mouvement qui serait entièrement circulaire si elle pouvait disparaître lorsque cette vanne mobile a fourni sa course.

La vapeur arrive par V, pousse la vanne mobile A B ; celle-ci décrit, suivant la flèche, une portion de circonférence, et n'est arrêtée dans sa course que par la cloison fixe F. Dans ce mouvement, le tube V′ communiquait au condenseur, et le vide ayant lieu en X, la poussée d'un côté ; l'attraction de l'autre, concouraient évidemment au même effet de puissance.

Quand la vanne a terminé son mouvement circulaire dans le sens indiqué par la flèche, les soupapes d'introduction, au moyen du mouvement propre de la machine, changent de position ; le tube en V′ introduit la vapeur de la chaudière, tandis que la communication au condenseur s'établit par V.

Ensuite (fig. 30) à l'axe A, est adapté

un pignon denté. Ce pignon engrène avec un secteur également denté D B C, auquel est adapté en C une bielle C K, qui renvoie le mouvement alternatif à l'axe V du volant, par le levier coudé K V.

Le plus grand avantage de ce mécanisme, comme on voit, repose sur la simplicité avec laquelle on obtient le mouvement circulaire ; mais il n'obvie pas aux principaux inconvéniens des machines rectilignes, qui sont les pertes dues aux fonctions alternatives des pistons, qui dans celle-ci ne changent que de direction.

Ce mécanisme n'est pas supérieur, quant à sa simplicité, à celui qui a été dessiné figure 24 ; mais les embarras difficultueux qui résultent de la construction de cette machine presque circulaire, sont de plusieurs espèces.

D'abord on ne peut empêcher que les fonds qui ferment les deux ouvertures du cylindre ne supportent une pression de la part de la vapeur, au moins égale, dans quelques cas, à sa tension multipliée par la superficie entière de ces fonds. Dans ce cas la moindre déviation ou courbure des fonds donnerait lieu à des pertes de vapeur assez notables.

Ces changemens de figure de la part des fonds peuvent ensuite s'accorder avec ceux qui résultent d'une augmentation en température relativement au contact immédiat de la vapeur d'eau. Les effets dus aux changemens de volumes par la dilatation du métal sont assez minimes pour ne pas être mis en compte. Mais il n'en est pas de même des déviations dans les formes, qui, d'après ce que nous venons de dire, sont aussi la conséquence d'une élévation de température. Les fonds et les boîtes sont tournés à froid ; les vannes sont fabriquées de même, tandis qu'il serait nécessaire que toutes ces parties fussent confectionnées, sous une température égale à celle qu'elles devront supporter dans la suite.

Ces accidens, qu'on peut supposer, à la rigueur, pouvoir être prévus, ne seraient rien s'ils se balançaient par quelques avantages particuliers, tels que la non-intermittence du mouvement alternatif, ou la simplification du mécanisme ; mais on voit que sous ce dernier rapport, la figure 24 nous

offre les mêmes avantages, et quelques défauts de moins.

Toutefois on aurait pu tirer un meilleur
parti de cette idée, en donnant aux boîtes et
aux pistons les formes qui sont indiquées
figures 27 et 29. L'une, figure 27, représente
la section d'un anneau circulaire et triangulaire; l'autre, figure 29, la section d'un anneau circulaire et cylindrique. Les frottemens du premier système ne sont pas relatifs
aux mêmes surfaces, mais le centre d'action est
placé à l'extrémité d'un rayon plus étendu. De
plus, par cette conformation, les frottemens
de l'axe contre la cloison fixe, et par suite les
suintemens de vapeur presque innévitables
dans l'autre cas, se trouveraient considérablement diminués.

Mais, sous ce dernier point de vue, et sous
le rapport des frottemens relatifs aux superficies des pistons, la forme cylindrique et
annulaire de la figure 29 nous offre des
avantages et des garanties que n'offre pas la
figure 26, et même la figure 27.

La facilité d'obtenir, par le moyen du tour,
deux moitiés telles que leur réunion doive
former un anneau cylindrique et circulaire

dont la figure 29 est une section, s'accorde
parfaitement avec une grande diminution de
frottemens de la part des cloisons fixes, et
avec la forme circulaire des pistons, qui,
dans ce cas, pourront supporter une garniture métallique et même une garniture de
chanvre.

*Des machines à vapeur entièrement rota-
tives.*

En rendant la cloison fixe F, fig. 25,
mobile à tiroir, de manière à laisser passer la
vanne qui reçoit l'impulsion de la vapeur et
la communique à l'axe, de manière aussi à
ce que ce mouvement soit coordonné avec
l'introduction et la soustraction de la vapeur,
la machine sera devenue entièrement rotative.

La figure 31 fait voir une machine à vapeur de cette espèce. X X est une boîte circulaire en métal; N est un noyau auquel se
trouve fixé un massif dont la forme est telle,
que son revers présente un plan incliné, et
cette courbe est maintenue de l'autre côté :
l'axe en A se trouve fixé au noyau; B est un
cadre en forme de boîte destiné à recevoir la

cloison mobile à tiroir F ; l'arête inférieure
de cette cloison, en frottant contre le dos du
massif, est sollicitée à se pousser en dehors,
et ensuite un poids extérieur, et la courbure
contraire de la vanne, facilitent, sans choc,
le mouvement descendant de cette cloison.

V est le tube qui sert à l'introduction de la
vapeur ; il est garni d'un robinet convenablement disposé pour établir la communication en temps nécessaire ; C est celui qui
aboutit au condenseur.

La vanne étant dans la position indiquée
par la figure, si on introduit la vapeur elle
va s'appuyer contre la cloison F ; d'un autre
côté elle poussera la vanne mobile M, et
l'entraînera ainsi que l'axe auquel elle est
fixée dans le sens de la flèche. Dans ce mouvement la cloison descend, et le tube C étant
ouvert au condenseur, le vide s'établira derrière la vanne, et secondera de toute sa force
son mouvement circulaire.

Dans des machines construites sur ce principe, on a triplé les vannes, et au lieu d'une
cloison on en a installé deux liées ensemble
par un mécanisme extérieur, de telle sorte
que, sans le secours du poids P, le mouvement

ascendant de l'une était relatif au mouvement
descendant de l'autre ; les tubes conducteurs
de la vapeur et du condenseur étaient également doublés.

Dans ces machines, la force imprimée aux
vannes n'était évidemment pas constante :
il en résultait que l'emploi du volant deve-
nait nécessaire pour régulariser la puissance
motrice. Les frottemens en étaient considérables, puisqu'ils se composaient du frottement des cloisons mobiles dans leurs cadres
respectifs , sur le revers des massifs , et contre les joues de la boîte. Quant à ceux des
massifs, ils se composaient du frottement de
l'arête supérieure contre la paroi circulaire
et intérieure de la boîte , de celui de toutes
les faces latérales de ces massifs contre les
fonds , de celui du noyau , enfin du frottement des tourillons dans leurs étuis.

Il est impossible de se rendre compte comment on a pu hasarder la dépense , en grand ,
d'une semblable machine , et comment on
n'a pas su prévoir le peu de succès dont elles
ont été frappées dans l'essai ; tant il y a que
malgré les formes curvilignes qu'on a données
aux boîtes (fig. 31 *bis*) pour obtenir des

frottemens réguliers et à l'abri des effets de l'usure, la puissance de ces machines, après leur exécution, s'est trouvée bien au-dessous des prévisions, et en dernier résultat, moins grande que le tiers de celle sur laquelle on comptait d'abord.

Il eût été bien préférable d'employer la forme des figures 27 et 29, parce qu'au moins on eût évité une grande partie des frotte-mens, augmenté la puissance en éloignant le centre d'actions, et, en dernier motif, parce que la forme des vannes eût été plus favo-rable à l'application des moyens par lesquels on prévoit les effets de leur destruction.

La figure 32 représente une machine à va-peur immédiatement rotative, qui, dit-on, a offert des avantages. X X est une boîte en métal circulaire ou cylindrique, à laquelle on a ménagé des espaces creux pour loger les cloisons mobiles à charnières M M. Le noyau se compose d'un cercle de métal garni de trois massifs ou vannes Z Z Z, destinés à recevoir l'impulsion de la vapeur; V V sont les con-duits de la vapeur, C C sont ceux du conden-seur.

Lorsque les vannes Z Z Z passent en dessous

des cloisons mobiles M M, ces cloisons s'élèvent, se logent dans les espaces E E, ménagés
exprès, et s'abaissent de nouveau quand ces
massifs ont dépassé ce point.

Les élévations des deux cloisons n'ont pas
lieu en même temps, et il en résulte que le
mouvement circulaire se continue toujours
dans le même sens. Il arrive bien que dans
certaines positions deux vannes agissent si-
multanément, tandis que dans d'autres cette
action n'a lieu que sur une seule; mais le
mouvement n'en continue pas moins, et
d'ailleurs on peut avoir recours au volant.

Cette machine offre des avantages sous le
rapport de la direction de la puissance, qui,
étant immédiatement circulaire, est aussi
celle dont on a le plus besoin dans les arts et
métiers; mais ces avantages sont plus que
compensés par les pertes de puissance qui
résultent des grands frottemens des différentes parties du mécanisme intérieur; or
ces frottemens, qui sont nécessaires pour opposer un obstacle aux issues de la vapeur, ne
s'accordent point du tout avec un long usage.
Il en est de même des articulations des cloisons
mobiles à charnières M M.

Quoique nous ayons répété ce qu'ont avancé quelques feuilles périodiques, qu'une de ces machines, construite en grand, avait offert des avantages, nous conseillons aux mécaniciens de ne pas se livrer entièrement à ce que les auteurs rapportent, de leurs inventions propres, et à se défier des éloges payés qu'ils se prodiguent dans les journaux. Des exemples tout récens nous donnent une preuve de ce que nous avançons, et nous croyons utile de les prémunir contre des dépenses et des essais toujours ruineux.

La figure 33 représente une autre machine à vapeur entièrement rotative; elle ne porte point intérieurement de ces cloisons mobiles d'appui nécessaires aux fonctions des machines circulaires dont nous avons donné la description plus haut.

A B C, fig. 33, est une boîte cylindrique en métal, dans laquelle tourne excentriquement le noyau fendu X Y. D E est une vanne qui se compose de deux parties N E et D G G, qui glissent l'une dans l'autre de manière à pouvoir s'allonger et se raccourcir, suivant les différens diamètres ou cordes, qu'en tournant, et vu l'excentricité du noyau,

elle est susceptible d'occuper. Le système entier de la vanne se meut à coulisse dans la mor-
taise ou fente du noyau. F G H I et F′G′H′I′
sont deux coussins cannelés pour recevoir les
deux baguettes D et E, qui terminent chacune
des parties mobiles de la vanne. Les deux parties qui constituent le noyau X et Y sont liées
par des excédans circulaires de métal LQ,
auxquels sont ensuite adaptés les axes Z et Z′,
fig. 34.

V est le tube qui conduit la vapeur dans
la boîte; C est celui qui établit la communication avec le condenseur. La disposition
de ces deux conduits doit être telle que lorsque la vanne occupe la direction de la corde
suivant A C, leurs deux ouvertures en C et
en A sont bouchées.

Les deux parties F G et F′G′ des coussins,
fig. 33, sont prolongées pour glisser dans
des rainures circulaires R R R R, fig. 34, pratiquées d'un côté dans un fond fixé à une des
collerettes de la boîte, de l'autre dans un double fond mobile F O. Un ressort est en outre
établi en K, fig. 33, pour faciliter les mouvemens à coulisse des deux parties qui composent la vanne.

Supposons maintenant que la vapeur arrive par V, elle poussera la partie supérieure de la vanne dans le sens de la flèche; mais en même temps la partie inférieure le projettera en dehors, et la puissance qui en résultera sera égale à la différence très grande de leurs deux superficies.

Dans le cas d'équilibre, c'est-à-dire lorsque la vanne aura pris une position dirigée suivant AC, les deux ouvertures A et C seront fermées par les coussins mêmes, et, passé cette époque, la partie inférieure de la vanne commencera à recevoir l'impulsion de la vapeur; avec cette seule disposition, on peut immédiatement employer de la vapeur saturée.

Mais si on voulait profiter de la vertu expansive de la vapeur d'eau, le conduit de la vapeur sera garni d'un robinet en V pour ne laisser passer la vapeur qu'en quantité déterminée et en temps convenable. Ce robinet, comme nous l'indiquerons plus tard, sera mis en fonction par le mouvement de l'axe de rotation, de manière à satisfaire à toutes les conditions. Quant au conduit C, il communique sans interruption avec le condenseur, lorsqu'on veut en employer, ou avec l'air libre dans le cas contraire.

Les effets de l'usure, les changemens de figure, qui peuvent être la conséquence de la haute température qu'éprouvent les diverses parties du mécanisme, et surtout le cylindre, ont été prévues d'autant plus facilement, que les formes et les dimensions les plus favorables de cette machine y concourent également.

Pour cela d'abord la surface circulaire de chaque coussin F G et F′ G′ est composée de plusieurs petits coussins qui portent par-dessous un ressort dont l'effet est d'appliquer incessamment leurs petites surfaces contre les parois intérieures de la boîte : en multipliant leur nombre, on remédie aussi aux torsions et aux changemens de figure dont la boîte peut s'affecter dans sa longueur, et leurs intersections sont disposées de manière à ne pas correspondre entre elles. (1)

_____

(1) OOOO, fig. 33, sont aussi des coussins à ressort destinés à s'opposer aux suintemens de la vapeur, auxquels l'usure de la partie de la vanne qui est à coulisse pourrait donner lieu.

De plus, nous avons dit que la vanne porte dans l'espace R un ressort qui tend à seconder l'application intime des deux coussins contre la boîte, de telle sorte que, quelle que soit l'usure de cette dernière ou des coussins, ils sont toujours en contact parfait, et la vapeur même, agissant sur une portion de leur prolongement, favorise cet effet.

C'est afin d'éviter un défaut commun aux machines à vapeur rotatives ordinaires que les extrémités des vannes ont été munies des coussins dont nous venons de parler. On conçoit bien que si dans la machine actuelle les arêtes des vannes se fussent terminées par une tranche semblable à P S, elles eussent été incapables de contenir la vapeur.

Quant à l'usure des fonds, il résulte des travaux faits pour connaître quelles sont les meilleures dimensions à donner à une machine de cette espèce, que les longueurs des diamètres par rapport à la hauteur des cylindres étaient indifférentes, et que les augmentations de puissance relatives à l'étendue de ces diamètres étaient proportionnellement inverses au temps des révolutions

de la vanne. Ces résultats, quant à l'usure
des faces qui frottent contre les fonds, ne sont
pas indifférens, car, en augmentant les cylindres en hauteur, on réduira le frottement
des fonds à très peu de chose ; on remarquera
d'ailleurs que, dans sa course, la vanne, relativement à son frottement contre les fonds,
suit un mouvement paralèlle qui tend à détruire toute rainure circulaire. Ensuite un
double fond F O, fig. 34, est adapté à une des
extrémités et en dedans du cylindre; ce double
fond, par le moyen des vis A B C D E, fig. 35,
et de ressorts interposés, est destiné à se rapprocher à mesure que l'usure d'une des faces
de la vanne se prononcera. On voit qu'un
seul fond mobile et semblable peut suffire à
l'usure des deux faces de la vanne.

Nous avons dit plus haut que le tube qui
conduit la vapeur au condenseur doit rester
constamment libre ; que celui qui amène la
vapeur dans la boîte, siége du mouvement,
doit être, au contraire, garni d'un robinet
destiné à ne laisser passer la vapeur qu'en
quantité déterminée et en temps convenable,
c'est-à-dire, jusqu'à une certaine portion de
course circulaire de la vanne. A cet effet son

manche prolongé sera garni d'un contre-
poids P, figure 37, tandis que l'autre côté
frottera contre une partie circulaire A B,
d'un système établi sur l'axe même de la
machine.

Ce système se compose de deux secteurs de
cercles susceptibles de glisser l'un sur l'autre,
de manière à étendre ou raccourcir la partie
frottante A C B. Leur degré d'ouverture sera
réglé au moyen de la vis V, suivant la portion de course jusqu'à laquelle on veut introduire la vapeur. Cette machine est à double
effet, car on remarquera que, dès que la
vanne a dépassé la direction de A C, fig. 33,
qu'une de ses parties a cessé ses fonctions,
l'autre se présente immédiatement à la poussée de la vapeur.

Ensuite, n'étant pas à l'abri des momens
d'inertie, dus à la position de la vanne lorsqu'elle occupe la direction A C, l'emploi du
volant devient nécessaire pour dépasser ces
momens, et régulariser la force motrice;
mais si l'on a le soin de réunir deux systèmes
semblables sur un même axe, convenablement fendu pour qu'une des vannes soit
toujours perpendiculaire à l'autre, cette ad-

10

dition du volant deviendra inutile, et on pourra même éviter l'emploi de l'axe doublement coudé qui est représenté figure 15.

La vanne, dans sa course toujours circulaire, ne peut qu'acquérir d'une augmentation de tension instantanée. Les chocs et secousses de la vapeur agissant sur une surface qui fuit en se mouvant toujours dans un même sens circulaire, ne peuvent produire les accidens communs aux machines dont les pistons ou vannes fournissent des mouvemens alternatifs.

On remarquera que les frottemens de cette machine se réduisent à ceux des tourillons dans leurs étuis, et du contour entier de la vanne; que le noyau n'est point en contact avec la paroi intérieure de la boîte, parce que cela n'est pas nécessaire, et que ses faces latérales ne sont pas non plus en contact avec les deux fonds. (1)

Machines sans pistons.

C'est à M. Papin à qui on doit l'invention

---

(1) Dans la figure 34 on a fait faire un demi-tour au noyau pour laisser voir la place de la vanne.

des cylindres et des pistons moteurs. Avant
lui la force de la vapeur était bien employée
comme moyen d'épuisement, mais faible
dans leurs effets, les machines d'alors offraient
peu ou point d'avantages sur le travail des
animaux.

Le principe d'épuisement, par le moyen
de la vapeur, était mis en usage de la manière suivante : une chaudière était destinée
à produire la vapeur ; cette vapeur était dirigée dans un réservoir hermétiquement
fermé, et adapté au-dessus d'une pompe
aspirante et foulante. Ce récipient était ainsi
disposé pour recevoir alternativement, et
l'eau aspirée par la pompe inférieure, et la
vapeur arrivant de la chaudière.

Ce réservoir étant plein d'eau quand la
vapeur était introduite, ce liquide était
chassé par le tube de refoulement, et cette
capacité finissait par se trouver pleine de
vapeur et vide d'eau ; alors une aspersion sur
la surface extérieure du vase produisait intérieurement la condensation de la vapeur,
et le vide qui en résultait ensuite détermi-
nait l'ascension de l'eau par le tube d'aspira-
tion de la pompe. Plus tard, on obtint

le même effet par une injection intérieure.

En supposant que l'introduction de la vapeur ait pu donner aux parois du vase une certaine chaleur, elle était promptement détruite à chaque ascension nouvelle de l'eau, et il résultait de là que la vapeur introduite se trouvait en contact de toute part avec des corps froids ; qu'une grande portion de sa puissance et de son effet se trouvait ainsi neutralisée et perdue, il en résultait enfin une lenteur préjudiciable dans les fonctions de l'appareil.

On a installé, à l'abattoir de Grenelle, une machine, basée sur ces mêmes principes, à cela près que la vapeur, au lieu de s'appuyer immédiatement sur l'eau, agit sur une colonne d'air interposée. Il paraît que l'interposition de cette couche d'air devient avantageuse, puisque cette machine, comparée avec une machine de Woolf, a offert une supériorité assez sensible dans les produits.

L'auteur ingénieux de cette machine a su mettre à profit les effets de la dilatation du métal pour opérer avec régularité le jeu des soupapes à air et à vapeur. Elles se trouvent combinées de manière à ce que l'air s'introduise d'abord en quantité convenable dans la capacité motrice, et ce n'est qu'après cette opération que la vapeur arrive dans ce réservoir pour en chasser l'eau.

Du reste, comme nous l'avons dit, les fonctions de cette machine se rapportent à celles de l'appareil dont nous avons parlé plus haut, à cette différence près que la vapeur, au lieu d'être en contact avec la surface de l'eau, s'en trouve séparée par la couche d'air dont nous avons parlé.

Si, malgré les désavantages qui résultent toujours du contact de la vapeur contre les parois d'un vase qui, incessamment refroidi, remplit tout-à-fait les fonctions des condenseurs ordinaires, cette machine est encore supérieure dans ses produits à celle d'une bonne machine de Woolf à laquelle elle a été comparée ; on ne doit pas douter qu'en obviant à ce grave inconvénient, on ne parvienne à obtenir des résultats encore plus avantageux.

Il s'agirait seulement d'ajouter un appareil auxiliaire, fabriqué de manière que la vapeur agisse constamment sur la même colonne de liquide échauffé. Mais ce liquide ne saurait être de l'eau, parce que, dans les momens où sa surface se trouverait déchargée de la pression atmosphérique, elle entrerait promptement en ébullition, et remplirait de vapeur, à contre-temps, une capacité, qui alors doit rester vide. Mais des métaux fluides, à la température de la vapeur employée, ou des huiles, dont les propriétés sont d'entrer tardivement en ébullition, peuvent être mis en usage avec succès. De plus, des flotteurs sans frottemens pourront contrarier singulièrement l'ébullition des liquides nuisible dans cette opération.

CALCULS

ET

DÉTAILS DE CONSTRUCTION

DE

PLUSIEURS MACHINES A VAPEUR DE DIFFÉ-RENTES FORCES.

CONSTRUCTION DE LA CHAUDIÈRE, ET CALCUL DE L'ÉPAISSEUR DU MÉTAL EMPLOYÉ DANS LA FA-BRICATION DE LA CHAUDIÈRE.

Machines de la force de cinq chevaux travaillant à deux atmosphères.

Nous avons dit que la forme des chaudières qui offre le plus de solidité, celle qu'on emploie le plus ordinairement, est la forme cylindrique; qu'alors les épaisseurs du métal doivent varier suivant les diamètres et suivant la tension de la vapeur dans l'intérieur des chaudières.

Nous allons donner ici le type des calculs nécessaires pour connaître l'effort que supportent, et les parois circulaires et les fonds de ces chaudières , et , par conséquent, l'épaisseur qu'il convient de donner à de la bonne tôle pour pouvoir résister , non seulement à cette pression, mais encore à celle d'épreuve qui , suivant les ordonnances, doit être cinq fois plus forte.

Longueur de la chaudière pour

Une machine de la force de 5 chevaux travaillant à 2 atmosphères..	$2^m,923$	$9^{pieds.}$
Diamètre intérieur.....	$0,^m650$	2
Pression sur un centimètre carré à 2 atmosphères (table 2).....	$2^k,066$	$4^{livres}6^{onces.}$
Rayon de la chaudière..	$0^m,325$	$1^{pied.}$

D'après les règles , les chaudières doivent être soumises à un effort d'épreuve au moins cinq fois plus fort que celui qu'elles sont destinées à supporter dans la suite. Mais , évidemment, pour les rendre capables de ne pas céder à cette pression , il est nécessaire qu'elles puissent soutenir un effort plus grand ; ordinairement on leur donne une résistance décuple. Or, la moyenne de beau-

coup d'épreuves faites sur du fer forgé de
médiocre qualité, et nous supposons la tôle
dans les mêmes cas, a fait connaître qu'une
barre de 1 centimètre d'équarrissage pouvait soutenir, dans le sens de sa longueur, une
charge de 3000 kilogrammes.

Force du métal........... 3000^k.

Pression intérieure......... $20^k,066$

Comme la pression de la vapeur agissant sur une zône
circulaire est égale à la pression qui agit sur une surface
dont le rayon serait la base,
il s'ensuit qu'en multipliant
le rayon de la chaudière... $0,325$

Par la pression sur un centimètre carré, ou.......... $20^k,066$

Et divisant le produit...... $6,62145$

Par...................... 3000

On aura l'épaisseur de la chaudière, ou................. $0^m,0022$

Si on fabrique les chaudières en cuivre
rouge, on sait que la force de ce métal est
à celle du fer forgé, comme 2 est à 3.

On fera cette proposition :

$$2 : 3 :: 0,0022 : x.$$

Ce qui nous donne 0^m,0033 pour l'épais-seur d'une chaudière en cuivre rouge, propre à être appliquée à une machine de 5 chevaux travaillant à 2 atmosphères. Pour le laiton ce serait 0,0026.

En donnant donc à la tôle de notre chau-dière une épaisseur de 2,2 millimètres, et quelque chose de plus pour l'usure, elle sera dans le cas de supporter l'épreuve dont nous avons fait mention.

Les ouvriers seraient grandement coupa-bles de passer légèrement sur le choix des feuilles de tôle, et de les admettre avec des défauts, quelque minimes qu'ils puissent pa-raître. La tôle mise en œuvre doit être de la tôle grasse du commerce, sans gerçures, et d'une épaisseur égale dans toute leur super-ficie; les plus grandes feuilles ne sont pas toujours les plus préférables, quoique leur étendue favorise la construction des chau-dières.

Ils calculeront ainsi la surface de déve-loppement qui doit reproduire celle du cylin-dre de la chaudière, dont la hauteur est 2,923 et le diamètre 0^m,65.

Prenant le rapport du diamètre à la circonférence 113 à 355,

On aura 113 : 355 :: 0,65 : x.

$$x = \frac{355 \times 0,65}{113} = 2^m,042.$$

ce qui donne 2 mètres et 4,2 millimètres pour
le contour de la chaudière, relatif au dia-
miètre $0^m,65$.

Mais en calculant ainsi la surface circulaire
de toutes les feuilles qui doivent fournir l'enveloppe entière de la chaudière, on doit aussi
avoir égard aux prolongemens de métal, qu'il
est nécessaire de ménager pour le chevauche-
ment des rivures, et pour la formation des collerettes sur lesquelles les fonds doivent se fixer.

Il n'entre pas dans notre plan de dé-
tailler toutes les opérations secondaires que
les ouvriers emploient pour arriver à la forme
définitive, et qui se bornent aux travaux
ordinaires des chaudières et des ouvriers en
métaux. Ils savent que la qualité du fer des
rivets doit être telle qu'il puisse plier et
obéir aux coups de marteaux répétés, par
lesquels on parvient à écraser leurs extrémités ; que pour ne pas dévier dans les cour-
bures régulières de chaque feuille, ils doi-

vent se fabriquer préalablement des patrons circulaires en planches, de même rayon que celui qu'on veut donner à la chaudière. Que les arêtes des feuilles de tôle courbées doivent être posées les unes sur les autres, d'une manière uniforme comme les écailles de poisson, c'est-à-dire que si une d'elles passe par-dessus l'arête d'une seconde, à l'égard d'une autre, elle doit être rivée par-dessous. Que pour éviter des suintemens imprévus, on interpose entre les bandes rivées des feuilles de papier gris en plusieurs doubles, et que les moyens de perçage sont les mêmes que dans les chaudières ordinaires de grandes dimensions, c'est-à-dire qu'on place d'abord les rivets à de grandes distances, pour les remplir ensuite par tous ceux qui doivent donner à leur liaison la solidité voulue.

Ils doivent ensuite s'assurer si la torsion des feuilles de tôle n'a pas donné lieu à de nouvelles gerçures ou pailles inapparentes d'abord ; et si quelques parties laissaient échapper de la vapeur, que cet accident, sans faire craindre pour la solidité de la chaudière, était irréparable par les moyens ordinaires, alors ils peuvent employer le mastic suivant en l'appliquant de dedans en dehors.

12 parties de limaille de fer bien fine.

1 de soufre en poudre.

2 de sel ammoniac.

On mêle tous ces élémens en les broyant ensemble, et, lorsqu'on veut s'en servir, on humecte le mélange pour en composer une pâte qui a la propriété de s'attacher fortement aux métaux, et surtout au fer. Il doit, comme nous venons de le dire, s'appliquer de dedans en dehors.

La surface circulaire et cylindrique de la chaudière étant fabriquée, ainsi que nous venons de l'indiquer, on procédera à l'application des fonds qui doivent boucher ses deux extrémités.

Ces deux fonds, nous avons déjà eu occasion de le dire, doivent, par leurs formes planes et par leur disposition, être susceptibles de résister à un effort bien plus considérable que celui de l'enveloppe de tôle; d'ailleurs fabriqués en fonte de fer, cette matière est également moins résistante. Voici les données qui ont servi de base à la détermination de leur épaisseur, relativement à leur diamètre.

On a suspendu des poids au milieu d'une barre de fonte de fer, d'un mètre de longueur et d'un centimètre d'équarrissage, et on a trouvé que la moyenne de beaucoup d'épreuves donnait $16^k,6$ pour la charge qu'elle est susceptible de supporter sans se rompre. Il est évident qu'en distribuant uniformément la charge sur toute la longueur de cette barre, elle en supporterait le double, ou $33^k,2$; mais comme, pour notre chaudière, le diamètre a moins qu'un mètre, une barre de sa longueur serait capable de supporter une charge plus grande, c'est-à-dire

$$\frac{33^k,2}{0^k,65} = 49^k,38;$$

Mais elle doit résister à une pression égale à

$$65 \times 20^k,66,$$

ou $\qquad 1342^k,9$;

divisant ce nombre par

$$49^k,38,$$

on aura le carré de l'épaisseur d'un des fonds, dont la racine est $5^{cent.},22$.

Dans ce calcul, nous avons supposé que le diamètre 0,65 était le même que celui de la chaudière, quoique ordinairement il doive

être plus grand, afin de pouvoir se fixer sur
les collerettes; nous donnerons tout à l'heure
les raisons qui nous portent à ne pas suivre
la règle ordinaire.

Il s'agit maintenant de déterminer quel
est le nombre de rivets nécessaires pour retenir les fonds.

Pour cela, on multiplie le carré
du diamètre 0,65.   42,25
Par la pression. . . . .   20^k,66
Ce qui donne   87288,5
On divisera ce produit par   3000
Et on aura le nombre de rivets
d'un centimètre de diamètre néces-
saire pour retenir les fonds.   29

Quoiqu'on ne néglige pas de ménager aux
parois supérieures des chaudières une ouverture par laquelle un homme puisse s'y
introduire, soit pour les commodités de fabrication, soit encore pour le nettoyage, des
circonstances particulières peuvent nécessiter le démontage des fonds; alors on remplace les rivets par des boulons à vis dont le
nombre doit être le même si on leur donne
le même diamètre; toutefois, on doit avoir

égard aux filets des vis qui entament leurs contours et diminuent un peu leur résistance.

Dans les grandes chaudières, on réduit ce nombre de rivets ou boulons ; mais alors on doit augmenter leur diamètre. Ainsi, si au lieu d'un nombre de rivets déterminés par le calcul, et d'un centimètre de diamètre, on veut en employer de deux centimètres de diamètre, on peut réduire le nombre au quart ; si on veut leur donner 3 centimètres, on peut les réduire au neuvième.

Dans les petites chaudières, dans la nôtre par exemple, il serait désavantageux de les réduire, parce que, bien que la solidité n'en soit pas altérée, il est encore nécessaire que ces boulons soient très peu espacés, afin de concourir à la superposition intime des fonds contre les collerettes. On place d'ailleurs, entre les deux parties, de minces feuilles de plomb, qui, en s'écrasant, finissent par boucher ou remplir tous les accidens du métal.

Les collerettes sont formées ordinairement par la projection extérieure du bord des chaudières. C'est par une opération, qu'on appelle dans les arts *la retrainte*, qu'on parvient à les obtenir ainsi. Elle consiste à appuyer le bord du métal rougi au feu, sur une enclume de forme convenable, et dont les arêtes tranchantes sont abattues; ensuite, avec un marteau qui ne porte pas non plus d'aspérités capables d'endommager le métal, on frappe sur la partie qui avoisine celle qui appuie sur l'enclume, et des coups réitérés déterminent la formation des collerettes.

Mais cette projection extérieure n'est due qu'à l'extension de la matière, et ne peut s'obtenir qu'aux dépens de son épaisseur; il est vrai qu'elle acquiert, par ce genre d'écrouissage, plus de dureté, mais aussi il est commun de voir perdre par une gerçure ou une crevasse accidentelle, le fruit d'un long et pénible travail.

En adoptant plus haut le diamètre seul de de la chaudière pour élément de nos calculs dans la résistance des fonds, nous avions le but d'indiquer qu'il serait plus convenable de former la collerette en dedans par la même opération de la retrainte; le métal s'écrouirait de la même manière, mais il ne saurait perdre de son épaisseur ni se crever semblablement.

Les vis et les boulons qui doivent servir à fixer les fonds peuvent s'établir de deux façons. On peut appliquer les fonds contre les collerettes, par l'intérieur de la chaudière, et alors les têtes des boulons seront extérieures, et leur partie taraudée se vissera sur les fonds mêmes, ou bien encore adapter les fonds à l'extérieur ; dans ce cas, les têtes des boulons seront intérieures, et leurs tiges vissées traverseront les collerettes et les fonds, et seront serrées par des écrous à l'extérieur.

Ensuite, pour prévoir les pertes de vapeur que peuvent produire les accidens du métal, on interposera, comme nous l'avons dit déjà, des feuilles de plomb entre les parties serrées.

Les chaudières doivent être percées de plusieurs ouvertures, soit dans leurs enveloppes cylindriques, soit dans leurs fonds ; d'une part, ces ouvertures sont destinées à recevoir les deux soupapes de sûreté, la pompe alimentaire, le tube qui sert de conduit à la vapeur. Une autre ouverture, garnie d'un bourrelet, doit être assez large pour donner passage à un homme ; elle se ferme au moyen d'une plaque de fonte et d'une

barre transversale qui la croise , et sur le
milieu de laquelle presse avec force l'écrou
qui applique ce fond contre ses parois. Les
fonds reçoivent le manomètre, les robinets,
jauges, ou le châssis vitré ; et un autre tube
à robinet qui sert à l'écoulement des eaux.

Quoique ordinairement les soupapes de
sûreté s'établissent près de chaque extrémité
de la chaudière, et sur la partie la plus
élevée, l'ouverture de nettoyage, qui doit
donner le passage à un homme, au milieu
de cette même partie, on ne saurait indiquer la place fixe de chacune de ces ouvertures, parce qu'elles peuvent varier, suivant les localités qui doivent recevoir les
machines, suivant la forme des chaudières,
et suivant les dispositions qu'on veut donner
au mécanisme.

Toutefois, il est des règles générales dont
il ne conviendrait pas de s'écarter : ainsi,
lorsqu'un tube quelconque doit être adapté
à une chaudière, on doit faire attention
qu'elle n'est pas assez épaisse pour offrir un
appui solide aux pas de vis des boulons; mais
alors on se comporte, à leur égard, comme
à celui des fonds des chaudières, c'est-à-dire

que les têtes des boulons doivent toujours appuyer contre la tôle, tandis que leur partie taraudée peut se visser sans inconvévient sur les épaisseurs des collerettes. On peut aussi les faire mordre sur des anneaux de métal qui circonscriront alors les ouvertures dans l'intérieur des chaudières, comme pour les fonds des chaudières on aura également le soin d'interposer des feuilles de plomb ou de papier gris entre les parties serrées.

La soupape de sûreté, fabriquée suivant les principes indiqués au commencement de cet ouvrage, doit être chargée d'un poids déterminé par la pression de la vapeur contenue dans la chaudière. Ce poids doit être tel qu'il puisse céder à une pression qui, pour notre machine, ne doit pas dépasser $2^k,066$ par centimètre carré de surface.

Diamètre du canal et du piston
   qui sert de soupape........ $0^m,05$
Nombre de centimètres carrés
   contenus dans la superficie.. 19,5
Pression sur un centimètre... $2^k,066$
Sur 19,5................. 40,29

Ainsi, le poids qui sera placé sur la romaine, et qui peut n'être que de 2 kilog.,
doit être écarté de manière à reproduire,
sur le point d'appui, cette même charge
de 4o^k,29. Ce point doit être réduit au minimum, c'est-à-dire qu'il doit offrir le moins
de surface possible; ordinairement on se sert
d'un fuseau d'acier qui, par une de ses
pointes, appuie dans une cuvette, également
d'acier, adaptée en dessus de la soupape de
sûreté ou de sa tige; par l'autre, sur une cuvette entaillée par-dessous le fléau qui sert de
romaine. Il peut ainsi obéir au mouvement
oblique que suit la tige du piston, par rapport au point d'appui (fig. 7). C'est entre
cette soupape et la collerette d'appui que je
place l'anneau, en métal fusible.

On établit ordinairement deux soupapes
de sûreté sur les chaudières, et les chauffeurs ne doivent pas négliger de les soulever
de temps en temps pour s'assurer si elles
n'adhèrent pas à leurs collerettes. Il faut
aussi qu'elles soient fabriquées de manière
à ne pas s'abaisser dans le cas où l'anneau
fusible viendrait à se fondre, car alors elles
boucheraient l'ouverture sous - jacente, et

s'opposeraient à la libre expansion de la vapeur nécessaire dans cette circonstance.

Les jauges, le manomètre, le châssis vitré, l'ouverture du fourneau et de son cendrier, doivent toujours être placés sous la main et sous les yeux du chauffeur.

Les flotteurs en pierre, qui servent à l'élévation ou à l'abaissement du registre, sont attachés à un fil de fer (fig. 20) qui glisse dans une ouverture calibrée de la chaudière, et qui est même surmonté d'un petit godet destiné à contenir des corps gras qui lubrifient ce fil de fer. Quoique la matière de ces flotteurs soit d'une pesanteur spécifique plus grande que celle de l'eau, par le moyen de contre-poids, et le registre lui-même peut en remplir les fonctions, on parvient à lui affecter la propriété d'un flotteur ordinaire.

Nous avons représenté (fig. 36) la forme ordinaire des chaudières de petites dimensions que les fabriques de Paris livrent au commerce. Leur épaisseur, de 4 lignes pour 24 pouces de diamètre, les rend propres à soutenir un effort d'épreuve de plus de 80 atmosphères, et même, d'après le dire des constructeurs, de résister à un usage de dix à douze années, pourvu qu'on ait soin de les nettoyer et de les entretenir.

Nous avons donné dans la planche la forme des chaudières que l'on met en usage, depuis la force de 4 chevaux jusqu'à celle de 20. On multiplie quelquefois les cylindres bouilleurs, qui n'ont d'autre objet que d'offrir une surface plus grande à la flamme du foyer, de diminuer un peu la capacité de la grande chaudière supérieure, et d'augmenter aussi la résistance du système.

Il est toujours plus préférable d'augmenter les chaudières en longueur qu'en diamètre. Aussi, pour une machine de la force de 10 chevaux, les dimensions, que nous avons calculées, peuvent rester les mêmes, pourvu qu'on double la longueur des chaudières et des tubes bouilleurs. Au-dessus de cette force on augmente les diamètres, mais alors le calcul indique qu'on doit donner à la tôle une épaisseur relativement plus grande.

Les rivets des chaudières, dont nous venons de parler, ont les lignes de diamètre au noyau; ils sont espacés d'un pouce. Les fonds, au lieu d'être fabriqués en fonte de fer, sont en tôle, qui n'a pas besoin d'être plus épaisse que celle des parois circulaires de la chaudière, car leur forme conique, et la multiplicité des bandes rivées, leur donnent une solidité suffisante.

Relativement à la longueur de ces chaudières, qui, pour une machine de 5 chevaux, n'excède pas 8 pieds, le foyer est tellement disposé, que la flamme parcourt toute leur superficie, ainsi que celle des bouilleurs, avant d'arriver à la cheminée; car, après avoir pris naissance au foyer placé par-devant, elle passe au-dessous des deux bouilleurs B B, et comme ils sont unis par une cloison de tôle I I, que cette cloison n'est pas continuée tout-à-fait jusqu'au fond du fourneau, elle revient par-devant et par-dessus cette cloison, échauffe la grande chaudière, et s'échappe ensuite par la cheminée.

En appliquant le calcul ordinaire à ces chaudières, on aura :

Résistance de la tôle............. 3000
Rayon de la chaudière......... 0^m,325
Pression à 8 atmosphères sur un
   centimètre carré............. 8^k,264
Effort décuple................. 82,64

Produit du rayon par cette pres-
sion.............................. 26,858
Divisé par..................... 3000
Épaisseur de la chaudière..... 8^{mill},952

En lui donnant 4 lignes 0^m,009 millimètres d'épaisseur, ils prévoient donc l'usure et les ruptures d'épreuves.

Quels que soient les motifs qui engagent les fabricans, dont nous venons de parler, à mêler dans les moyens de liaison des différentes parties de leurs chaudières, des rivures en cuivre rouge, nous ne saurions les approuver en cela; les raisons, nous les avons déjà développées quand nous avons comparé l'effet qui en résulte à celui d'une paire de la pile; elles sont connues, et cependant nous avons vu des chaudières où ces précautions ont été oubliées.

Ils conviennent tous que l'usage des pommes de terre peut être utile si on a soin de les renouveler au moins tous les trois jours, et qu'une chaudière, construite pour durer dix années, se dégrade promptement si on néglige de la nettoyer et de l'entretenir.

L'espace des chaudières, qui dans les fonctions doit être occupée par la vapeur, varie

12

depuis un sixième jusqu'à un douzième. On conçoit que leur capacité entière est peu importante pour la quantité de vapeur à former, puisque l'activité du feu peut la faire varier à volonté, soit en quantité, soit en puissance.

Nous allons reprendre la construction de notre machine à vapeur de la force de 5 chevaux travaillant à 2 atmosphères.

La force des machines à vapeur a été jusqu'à présent représentée par le nombre de chevaux dont elles peuvent fournir le travail ; les Anglais et les Américains, chez qui les machines à vapeur ont été mises le plus en usage, ont estimé la force d'un cheval, travaillant un peu plus de 7 heures par jour, à $66^k,81$, ou 150 livres anglaises. Ainsi, une machine de 4 chevaux, pendant 7 heures, représente une valeur constante de puissance égale à $331^k,05$.

Cette puissance, que fournit le piston, doit aussi être coordonnée avec le nombre de pulsations qu'il doit donner dans un temps déterminé : ce nombre est très variable, suivant les machines, les résistances à vaincre et la longueur des cylindres ; il est le plus

ordinairement de 36 à 48 par minute, pour
une course de 3 à 2 pieds environ.

Dimensions du cylindre.

Hauteur par-dessus les collerettes.	$1^m,2$
Course du piston...............	$1,0$
Tension de la vapeur	$2^k,066$
Id. moyenne avec 7 termes.	$0,72$
Avec condensation, et en suppo- sant le vide parfait...........	$1^k,78$
Force d'un cheval.............	$66^k,81$
De cinq......................	$334,05$
Divisé par...................	$1,78$
Nombre de centimètres carrés re- présentant la valeur de 5 che- vaux.......................	$187,6$
Le double à cause des frottemens et pertes	$375,2$
Ou surface carrée de la circonfé- rence......................	$0^m,194$
Diamètre du piston...........	$0^m,221$

Nous entendons par tension moyenne de
la vapeur sans condensation, celle qu'on obtient ainsi en interrompant l'entrée de la
vapeur à la moitié de la course du piston.

Voici la marche que suit cette progression décroissante :

Tension de la vapeur à son entrée dans le cylindre . . . . 1^k

2e terme. 1

3e 1

4e 1

5e 0,67

6e 0,34

7e 0,00

Somme . . . . $5^k,01$

Le 7e sans condensation. 0,72

Avec condensation, et en suppo-sant le vide parfait. . . . . $1^k,78$

Cette précaution, de n'introduire la vapeur que jusqu'à une moitié de la course du piston, offre peu d'avantages dans les machines où l'on travaille avec une vapeur tendue seulement à deux atmosphères; mais nous ne l'indiquons ici que pour faire servir cette méthode à celles de ces machines dans lesquelles on emploie de la vapeur à haute tension; car dans l'état actuel des machines à vapeur à haute pression, celle de Woolf comprise, l'avantage principal qu'elles peuvent

offrir est celui qu'on peut retirer de la force
expansive de cette même vapeur fortement
tendue. Mais, dans ce cas, on doit ajouter
quelque chose, comme l'indique Oliver
Evans, pour la perte qui résulte de ce que
la course n'a pas été divisée en un nombre
infini de parties : il augmente la somme de
ces termes de la moitié du plus fort; ici ce
serait de $0^k,5$, quantité qui influerait bien
peu sur le résultat définitif.

La course du piston n'est pas égale à la
longueur entière du cylindre, parce qu'il
faut en déduire l'espace occupé par l'épaisseur du piston; et celui qu'il est nécessaire
de maintenir vide, pour laisser débouchées
les ouvertures des tubes qui conduisent la
vapeur dans les cylindres.

La portion de vapeur contenue dans ces
espaces, et depuis les soupapes d'introduction
dans la partie des tubes adjacens, est perdue
presque entièrement; toutefois, en la faisant
arriver par les fonds mêmes des cylindres,
on évite une partie de ces pertes.

Nous allons maintenant indiquer les calculs nécessaires pour connaître les dimensions

de la chaudière et des cylindres d'une machine de la force d'un cheval, travaillant à
cinq atmosphères. On se rappelle que nous
écrivons principalement pour le petit fabricant, et que nous croyons indispensable, s'il
s'agissait de l'établissement d'une grande
machine à vapeur, de s'adresser aux fabriques en grand, dans lesquelles on s'occupe
spécialement de cette partie.

*Dimensions d'une machine à vapeur de la
force d'un cheval travaillant à cinq atmosphères.*

Longueur de la chaudière. .	0,974	3P
Diamètre	0,406	1P 3P
Résistance du fer forgé . . .	3000^k	
Pression à cinq atmosphères sur un centimètre carré. .	5^k,165	
Effort décuple.	51,65	
Produit du rayon par cette pression.	10^k,49	
Divisé par.	3000	
Épaisseur de la tôle. . . .	0,0035^m	

Pour les fonds en fonte de fer, nous avons :

$$\frac{33^k,2 \text{ résistance de la fonte}}{0,406 \text{ diamètre de la chaudière}} \text{ ou } 81^k,76$$

Mais elle doit résister à une pression égale à

$$406 \times 51^k,65$$

ou $20969^k,9$

Divisant ce nombre par $81,76$, on aura le carré $256,5$ de l'épaisseur d'un des fonds ou $0^m,016$.

Mais nous pensons qu'il serait préférable d'employer la forme de la chaudière de la figure 36, et de terminer ses bases par des fonds en tôle et en forme de calotte conique.

Dimensions du cylindre moteur.

Hauteur par-dessus les collerettes. $1^m,1$
Course du piston.................. 1^m
Tension de la vapeur à cinq atmo-
   phères (par centimètre carré).. $5^k,165$
Tension moyenne avec six termes,
   l'entrée de la vapeur interrompue
   à $\frac{1}{5}$ de course, et avec condensation........................... $3^k,46$

Nous obtenons cette tension moyenne de la manière suivante :

1er terme ou entrée de la vapeur. $5^k,165$
2e .... $5,165$
3e .... $4,140$

4e terme.......................... 3^k,125

5e................................. 2,100

6e fin de course, force égale à
celle de l'atmosphère........... 1,066

Somme........................... 20,761

Moyenne avec condensation... 3^k,46

Force d'un cheval............... 66^k,81

Divisé par...................... 3^k,46

Nombre de centimètres carrés que devra contenir la surface circulaire du piston............................ 19,3

Le double à cause des pertes et frottemens........................ 38,6

Diamètre du piston.............. 0^m,07

En réduisant le cylindre de moitié, on augmentera le nombre de coups de piston en une minute d'un quart; si on réduisait la course aux $\frac{2}{3}$, il faudrait aussi faire fournir au piston un 9e de vibration de plus dans le même temps.

Calcul pour une machine de deux chevaux à huit atmosphères.

Longueur de la chaudière...... 1^m,624

Diamètre....................... 0^m,460

Pression à huit atmosphères sur
un centimètre carré............ 8^k,264

Épaisseur de la tôle............ 0^m,00615

Épaisseur de la fonte.......... 0^m,053

Cylindre, longueur............. 0^m,621

Course....................... 0,500

Pression moyenne (sans condensation, et la vapeur introduite
jusqu'à $\frac{1}{8}$ de course)......... 3^k,605

Force d'un cheval............. 66^k,81

Nombre de centimètres carrés
représentant cette force..... 18,3

Le double pour les pertes et frottemens...................... 36,6

Le double, parce que la machine
doit être de la force de deux
chevaux.................... 73,2

Diamètre du piston........... 0^m,09,5

Les mêmes calculs peuvent servir de type
pour des machines de 10, 15, 20 chevaux ;
mais nous répétons qu'il convient mieux ;
pour des forces supérieures, de s'adresser
directement aux fabriques qui sont spécialement occupées de ce travail.

NOMENCLATURE

ET

VALEUR DES TERMES

RELATIFS AUX MACHINES A VAPEUR.

Absorption du calorique.

Toutes les fois qu'un liquide passe à l'état de vapeur, il y a absorption de calorique, et par conséquent abaissement de température de la part du liquide. C'est sur cette loi qu'est fondée l'expérience par laquelle on parvient à congeler l'eau placée sous le récipient de la machine pneumatique. On sait qu'en faisant le vide on facilite l'évaporation de l'eau ; que, tant que l'espace contenu sous le récipient n'est pas saturé de vapeur d'eau, l'abaissement de température qui en résulte devient plus sensible ; que si on a l'attention de placer à côté du vase qui contient l'eau, et sous le récipient de la même machine, un autre

vase contenant de l'acide sulfurique concentré, cet acide ayant la propriété de s'emparer avec avidité de l'humidité, favorisera
de nouvelles formations de vapeur, et c'est
ainsi qu'au moyen d'un fluide plus vaporisable que l'eau, de l'alcool ou de l'éther,
par exemple, on est parvenu à obtenir un
degré de froid même inférieur à celui qui est
capable de solidifier le mercure.

Lorsque l'eau est en ébullition, la vapeur
qui se forme emporte avec elle une grande
somme de calorique, et cette même vapeur,
qui a la propriété de s'emparer avec beaucoup d'avidité de la chaleur, relativement à
d'autres corps en contact avec elle et moins
élevés en température, s'en dégage avec
autant de promptitude. Cette dernière opération, qui donne lieu à la condensation,
distribue aux corps refroidissans, solides ou
liquides, une chaleur proportionnée à celle
qui était contenue dans la vapeur d'eau non
condensée; ensuite s'élevant en température,
les corps refroidissans perdront d'autant plus
leur vertu condensatrice, qu'ils auront servi
davantage à cette opération; il convient donc
de réitérer les injections d'eau froide à cha-

que coup de piston, et en quantité telle,
qu'elle puisse absorber tout le calorique contenu dans la vapeur d'eau. Dans les machines
à vapeur, c'est au défaut de froid convenable
du condenseur, et par suite à l'imperfection
du vide, que l'on doit une bonne part des
pertes de puissance motrice.

Accélération.

Quand les pistons moteurs sont rendus
aux extrémités de leurs courses, ils reçoivent
en sens contraire une nouvelle impulsion de
la vapeur, qui arrive avec une puissance
égale à sa masse par le carré de sa vitesse.
Mais alors ils sont dans le cas d'inertie, et ce
n'est que peu à peu qu'ils acquièrent la vitesse moyenne, qu'ils doivent perdre ensuite
lorsque l'opération inverse aura lieu. Ils ne
peuvent donc profiter de cette accélération
détruite à chaque extrémité de course. C'est
pour prévoir à ces inconvéniens que les mécaniciens cherchent à appliquer la puissance
de la vapeur d'eau à un mouvement immédiatement circulaire.

Le mouvement d'une machine à vapeur
qu'on met en fonction s'accélère jusqu'à ce

que toutes les parties du mécanisme, sujettes au contact de la vapeur, aient acquis une température qui ne puisse plus la condenser.

Accumulation de vapeur.

Les accumulations de vapeur dans la chaudière sont le résultat d'une augmentation accidentelle du feu, ou d'une consommation inégale de vapeur, ou encore d'un abaissement et d'une élévation prompte et successive du niveau de l'eau dans les chaudières. Les chauffeurs donnent lieu à ce dernier accident, en jetant avec excès du combustible dans le foyer; il arrive de là que le feu se couvrant d'abord, la production de vapeur devient plus lente, et qu'ensuite se rallumant avec activité elle surabonde dans la chaudière et donne lieu au soulèvement des soupapes de sûreté.

Lorsque le niveau de l'eau baisse, les parois de la chaudière, qui étaient en contact avec elle, s'échauffent davantage; ensuite, lorsque ce niveau vient à se rétablir, il en résulte aussi une production trop abondante de vapeur.

Il est bon que les chauffeurs ne comptent

pas entièrement sur l'efficacité du jeu des soupapes de sûreté; parce que, bien qu'elles
soient destinées à prévoir des augmentations
de tensions accidentelles, elles n'ont pas toujours rempli leur fonction avec rigueur. Ils
doivent alimenter le feu peu à peu, veiller
sur le manomètre, et user de la faculté qu'ils
ont de fermer le cendrier et d'ouvrir par un
robinet R (fig. 18) une issue extérieure à la
vapeur. Ils doivent aussi ne pas négliger de
consulter l'état du registre.

Achever.

Un piston achève sa course lorsqu'il est
rendu à l'une ou à l'autre extrémité du cylindre.

Acier.

Plusieurs pièces d'acier entrent dans la
fabrication des machines à vapeur. Relativement aux objets auxquels elles sont destinées,
on leur donne, par la trempe et le recuit,
les qualités voulues.

Si deux parties d'acier doivent frotter l'une
contre l'autre, on doit, autant que possible,
les tremper ensemble, afin de leur donner
un égal degré de dureté. Les ressorts, pour

jouir de leurs qualités flexibles, doivent être trempés d'abord à leur force, et ensuite recuits ou revenus à la couleur qu'on appelle dans les arts couleur bleue pourpre. Cette opération, lorsqu'elle ne se pratique pas au moyen du fourneau, et lorsque les ressorts sont un peu étendus, présente quelques difficultés ; car si toute leur longueur n'a pas supporté le même recuit ou, ce qui est équivalent, le même degré de chaleur, ils ne jouissent pas partout de la même qualité et peuvent rompre ou plier mal à propos. On prévoit ces accidens en faisant subir aux ressorts, plusieurs fois de suite, l'opération du recuit.

Des ouvriers pensent à tort que par un pareil procédé les ressorts perdent de leurs qualités élastiques ; car il est constant qu'un morceau d'acier recuit plusieurs fois jusqu'au bleu doit conserver toujours les mêmes propriétés affectées à cette limite de chaleur, puisqu'on ne la dépasse pas. Mais si dans les opérations précédentes quelques portions de lames ou ressorts n'avaient pas atteint la couleur bleue, soit par la mauvaise distribution du feu, soit par leur trop grande étendue, alors on chercherait à appliquer, la seconde fois, la chaleur à la partie où gît le mal, toujours sans dépasser la couleur bleue.

Pour être certain du degré de recuit de l'acier, il doit être poli, ou au moins décapé après la trempe ; dans l'opération que nous venons d'indiquer, il doit être poli à chaque recuit.

Adhérence.

Les soupapes de sûreté adhèrent quelquefois aux collerettes, ou aux rondelles de métal fusible qui les soutiennent ; il convient donc de les soulever de temps en temps pour s'assurer que leurs fonctions sont libres. (Voyez *Soupape.*)

Admettre.

Quand on doit faire marcher une machine à vapeur à haute pression, on ne doit admettre la vapeur dans les cylindres moteurs que lorsqu'elle a acquis le degré de tension avec lequel on veut travailler. On s'en assure au moyen du manomètre, ou par le soulèvement des soupapes de sûreté.

Affût.

On peut donner ce nom aux supports extérieurs, qui servent d'appui à l'axe du volant, ou à tout autre, animé d'un mouvement de rotation quelconque.

Ailes ou *Aubes.*

On appelle ainsi les surfaces rectangu-
laires qui terminent les rayons des roues à
aubes, et qui servent à donner l'impulsion
aux bâtimens à vapeur. A une seule époque
de leur révolution, leur position est favorable à la transmission directe de la force
motrice, c'est la position verticale. Dans
toutes les autres, la résultante est plus ou
moins divsiée en deux forces inégales, dont
l'une agit de haut en bas, lorsque ces surfaces entrent dans l'eau, et l'autre de bas en
haut lorsqu'elles sortent de l'eau. La valeur
de ces forces perdues diminue à mesure que la
position des aubes s'approche de la verticale.

Pour éviter cette décomposition de force,
on a employé des aubes qui se replient à charnières au bout de leurs rayons, et malgré la
défaveur attachée à toute espèce d'articu-

lations susceptibles d'être soumises au contact de l'eau , le bateau à vapeur *la Seine*, qui navigue sur la rivière dont il porte le nom , continue à s'en servir encore.

Cependant nous n'oserons assurer qu'à la mer ce procédé pût offrir des avantages , car le voisinage du cuivre et la seule action corrosive de l'eau de mer , peuvent avoir un effet destructeur sur le fer des aubes , métal déjà si facilement oxidable quand il est isolé.

Les figures 39 et 40 représentent une portion de roue à aube ainsi fabriquée ; on voit qu'il est nécessaire qu'une aube plonge entièrement, pour qu'elle se trouve dans une position favorable pour recevoir toute l'application de la puissance motrice de la roue. Dans les autres positions , elles reçoivent plus ou moins, de la part de l'eau , sur leur moitié inférieure, une impulsion qui n'est pas balancée par celle qu'elles éprouvent sur la partie supérieure qui émerge ; alors elles obliquent, sortent de l'eau sans résistance , ou s'y plongent pareillement.

Air.

Lorsqu'on met une machine à vapeur en

fonction, l'air contenu dans les différentes capacités du mécanisme se trouve chassé par la vapeur qui le remplace. Mais lorsqu'on cesse le travail et qu'on éteint le feu, on doit l'introduire de nouveau dans la chaudière, afin d'éviter le renversement du mercure du manomètre.

On a eu aussi l'idée d'employer la dilatation de l'air comme force motrice; les gaz ont été essayés également, et de semblables expériences sont encore suivies en Angleterre.

L'air et tous les gaz se dilatent de 0,375 de leur volume primitif, en passant de la température de la glace fondante à celle de l'eau bouillante; il est donc constant qu'en échauffant jusqu'à 100° et au-dessus un certain volume de ces fluides élastiques, on pourra engendrer une force quelconque supérieure.

Ajutages.

Pour obtenir de bons ajutages, on serre, entre les parties superposées, des feuilles de plomb ou de papier gris. Ceux qui ne sont pas sujets au contact de la chaleur, peuvent supporter des garnitures de cuir.

Alcool.

Ce liquide, entrant en ébullition à une
température inférieure à celle de l'eau de
21° centigr. à peu près, et sa vapeur conservant une force élastique égale à celle de
l'eau à 100°, on a aussi eu l'idée de l'essayer
comme force motrice ; mais malgré l'emploi
du condenseur, nécessaire dans ce cas pour
recueillir ce liquide, la perméabilité des boîtes
à étoupes, et des autres parties de l'appareil,
fournissent trop d'issues à ce fluide très vo-
latil, et l'économie du combustible ne compense pas la dépense qui en résulte. L'alcool
et l'éther sulfurique ne jouissent de cette
propriété d'entrer promptement en ébullition, qu'eu égard à leur grande volatilité.
Et une conséquence de cette volatilité est de
demander des ajutages beaucoup plus exacts
pour s'opposer à des suintemens de vapeur
aussi subtile.

Aléser.

Cette opération consiste à donner une figure
régulière et cylindrique à l'intérieur des cylindres moteurs lorsqu'ils sortent de la fonte.

Les alésoirs sont des massifs circulaires en cuivre jaune, qui sont garnis de lames tranchantes et solides sur leur contour extérieur. Ces outils sont fabriqués de manière qu'il est facile de faire saillir plus ou moins les lames en dehors, relativement au diamètre qu'on veut conserver à l'intérieur du cylindre; ainsi préparés on les fait ensuite circuler de haut en bas dans les cylindres qu'on veut aléser; en parcourant toute leur longueur, les lames enlèvent les aspérités qui sortaient de leur cercle de révolution, et si les parois intérieures conservent encore quelques soufflures ou chambres, on tâche de les franchir par une seconde opération semblable, pourvu toutefois qu'elles ne soient pas trop profondes.

Alimentaire.

La pompe alimentaire est celle qui reproduit dans la chaudière, en quantité égale, l'eau consommée à l'état de vapeur par chaque coup de piston; nous en avons donné le détail dans cet ouvrage. Les machines à basses pressions sont alimentées par un tube nourricier à soupape (fig. 20), communiquant par le bas avec la chaudière, par le haut avec un réservoir d'eau.

Alléger.

On allége la chaudière en ouvrant celui des robinets jauges qui communique avec la partie intérieure des chaudières occupée par la vapeur; ou bien encore en soulevant les soupapes de sûreté.

Alternatif.

Le mouvement des pistons dans leurs cylindres est alternatif et rectiligne; dans les machines à rotation immédiate, le mouvement des vannes et de l'axe est circulaire et continu.

Amalgame.

Le mercure s'amalgamant facilement avec le cuivre, on ne saurait trop prendre de précautions pour empêcher son contact avec ce métal. Nous pensons qu'un renversement du mercure du manomètre dans l'intérieur d'une chaudière en cuivre, doit infailliblement en provoquer la rupture. Le fer ni l'acier ne s'amalgament avec le mercure.

Ambiant.

Le contact de l'air ambiant est une des causes qui font perdre aux cylindres la température que leur donne la vapeur.

L'air ambiant étant sujet à participer incessamment aux différens courans d'air extérieurs, il influe davantage par cela même sur les changemens de température des cylindres; pour prévoir à cet inconvénient, M. Wat a essayé de construire des cylindres moteurs en bois, parce que cette matière est peu conductrice du calorique. Il n'a pas été heureux dans cet essai. Il fit mieux en plaçant autour de ses cylindres une enveloppe ou chemise, et dans l'intervalle, des corps non conducteurs du calorique, ou même de la vapeur d'eau arrivant de la chaudière. Woolf emploie non seulement une enveloppe ou chemise semblable, et de la vapeur d'eau, arrivant de la chaudière, circule entre elle et le cylindre, mais encore il ajoute un second foyer à son second cylindre ou à son enveloppe.

On a prévu au contact de l'air dans l'intérieur des cylindres, en fabriquant les machines à double effet ; c'est aussi en cela que consiste le principal avantage qui résulte de cette double fonction.

Ammoniaque (carbonate).

Sel qui entre dans la composition du mastic dont on se sert pour boucher les fissures des chaudières. On doit préserver les autres parties de la machine de son contact, parce qu'il attaque promptement le poli des métaux, et détermine leur oxidation. Il est employé dans les arts comme le borax et la résine, pour la soudure.

Amorcer.

Lorsqu'un piston de pompe est bien ajusté et qu'en même temps sa course est suffisamment étendue, il arrive, la pompe n'étant pas encore pleine d'eau, que l'air intérieur se dilate pendant l'ascension du piston, et se contracte d'une quantité égale pendant sa descente. Toutefois, le clapet inférieur s'ouvre dans le premier mouvement, laisse entrer l'eau, soulagée d'une portion de la pression supérieure, et se ferme dans le second. Lorsque les garnitures des pistons sont un

peu sèches, cette opération ne peut avoir
lieu, car ces derniers sont fabriqués pour
agir sur l'eau et non pas sur l'air, qui est un
fluide infiniment plus subtil. Alors on jette
un peu d'eau dans la pompe, et c'est ce
qu'on appelle l'*amorcer*. L'eau humecte le
piston, reste au-dessus, et forme elle-même
un piston bien ajusté et bien capable d'agir
sur l'air intérieur du tube.

Anneaux.

Les propriétés des anneaux en métal fusible reposent sur ce que la vapeur d'eau ne
saurait acquérir de tension sans acquérir
une élévation de température réciproque. Ils
se placent ordinairement sous la soupape de
sûreté; leur fusion, qui doit avoir lieu
pour un degré de température qu'on ne
veut pas dépasser, est ordinairement précédée d'un ramollissement et d'un gonflement
inégal qui donne lieu à des pertes de vapeurs.
Nous avons déjà eu l'occasion de dire que
leur fusion ne doit pas donner lieu à l'abaissement entier de la soupape de sûreté qui,
dans ce cas, boucherait l'issue de la vapeur.

Argot, Bouton, Came.

Renflemens du métal ménagés à certaines parties du mécanisme, pour servir d'arrêts ou de changemens de direction dans le mouvement.

Articulations.

On a essayé, pour éviter les pertes de puissance qui résultent de l'obliquité des aubes, lorsqu'elles entrent et sortent de l'eau, de les installer à charnières; mais les articulations que comporte ce genre d'installation, incessamment mouillées et oxidées par le contact de l'eau de mer, ne résistent pas long-temps à la grande pression qu'elles sont à même de soutenir.

Il y aurait peut-être lieu à essayer si un piston, agissant sur l'eau qui s'introduirait par la seule pression du remous, dans de grands tubes placés intérieurement et sur l'arrière des navires, pourrait leur imprimer une vitesse convenable. Dans ce cas, les pistons ne seraient pas articulés et boucheraient assez bien ces tubes pour ne pas permettre l'introduction de l'eau dans le navire.

La haute température que supportent les

articulations des cloisons à charnières ou à tiroirs, dans les boîtes motrices des machines rotatives, les dégradent promptement, et la rigueur obligée de leurs ajutages, qui, par cela même, ne se maintient pas après quelque temps d'usage, donne lieu à une usure plus prompte, diminue leur effet et compense bien au-delà l'avantage qui résulte du mouvement immédiatement circulaire.

Atmosphères.

La pesanteur de l'atmosphère ou de l'air supérieur à une surface est égale à cette surface multipliée par la hauteur de la colonne d'air atmosphérique. Relativement aux solides, cette pesanteur agit sur tous les points de leurs superficies.

L'air est pesant puisqu'il reste à la surface de la terre, et que des expériences ont prouvé que son épaisseur était limitée. C'est cette pesanteur qui, tout en favorisant l'échauffement des liquides, contrarie leur ébullition.

Les liquides, à l'air libre, acquièrent une chaleur progressive jusqu'à ce qu'ils soient capables de vaincre, par l'ébullition, cette pesanteur atmosphérique ; dès qu'elle est vaincue, une augmentation quelconque de combustible ne saurait leur faire acquérir plus de chaleur, et c'est pour cela qu'on a donné au terme de l'ébullition de l'eau une place fixe dans les échelles thermométriques.

Si on bouche les vases, et que ces vases soient convenablement résistans, la vapeur ne pourra s'épancher au-dehors, augmentera la pression qui agit sur la surface du liquide, et la température s'élevera au-dessus du terme de l'ébullition ; d'autant plus, et avec d'autant moins de combustible, que cette tension deviendra plus grande.

Presque tous les liquides, sans la pression atmosphérique qui les maintient sous cette forme, seraient probablement réduits à un état gazeux, de même que plusieurs gaz ont été réduits par un excès de pression à l'état liquide. Ces derniers ne sont donc plus pour nous des fluides élastiques permanens. Et ces accidens, dans leur valeur numérique, doivent évidemment se compenser par analogie.

Dans ce qui se passe relativement à la vaporisation et à la condensation des fluides, nous devons encore admirer une des plus belles lois qui concourent incessamment à rétablir l'équilibre et l'harmonie de notre système planétaire.

La puissance, tension, ou pression de la vapeur, s'estime par atmosphères; on dit que la vapeur a acquis une tension de deux atmosphères, lorsqu'elle agit avec une force de $2^k,066$ sur une surface d'un centimètre carré, parce que c'est à peu près le double de $1^k,063$, qui est la valeur du poids de l'atmosphère sur la même superficie; elle est équivalente, comme on sait, à une colonne de mercure d'environ $0^m,76$. On a des moyens rigoureux de connaître la tension de la vapeur en atmosphères et parties d'atmosphères. (Voyez *Manomètre*.)

Aveugler.

On aveugle un trou ou une fissure, quand on la bouche avec du mastic ou autrement. Ces moyens, pour les chaudières, doivent s'appliquer, autant que possible, de dedans en dehors, afin que la pression de la vapeur même concoure à leur application intime.

Bâiller.

Une gerçure inapparente sous une faible tension, peut s'ouvrir dans une autre circonstance, alors on peut dire qu'elle bâille.

Balancer.

On balance la charge que supporte la soupape de sûreté par le poids qu'on place sur la romaine, et qui est susceptible de s'écarter plus ou moins du point d'appui. On balance la pesanteur spécifique du flotteur en pierre par le poids du registre ou par un poids auxiliaire.

Baromètre.

On adapte ordinairement aux condenseurs un baromètre dont la boule inférieure est d'une capacité telle qu'elle puisse recevoir tout le mercure contenu dans le tube supérieur lorsqu'il vient à s'abaisser par l'effet du vide. C'est par ce moyen qu'on juge de la perfection du vide opéré par la condensation. Ce vide n'est jamais parfait, vu que les pistons ou leur garniture laissent passer outre une certaine quantité de vapeur, ou que l'air extérieur se fait issue par les ajutages des tiges ou des autres parties de l'appareil.

Ballottage.

On évite le ballottage de l'eau dans les chaudières des bâtimens à vapeur marins, en les garnissant de cloisons intérieures, qui, avec les tirans en fer, servent aussi à solidifier leur système non cylindrique.

Basse pression.

On est convenu d'appeler machines à basse pression celles des machines à vapeur où la force expansive de ce fluide n'est pas portée au-delà de deux atmosphères. Elles peuvent être à basse pression et à double effet. (Voyez *Double effet.*)

Bateau à vapeur.

On donne ce nom à toute espèce de navire mis en mouvement par les machines à vapeur. L'agent moteur est le feu, le véhicule l'eau, et le point d'appui s'obtient avec des roues à aubes, dans l'eau adjacente au navire.

Le principal inconvénient que présente ce

moteur à la navigation maritime de guerre, est d'offrir au choc des boulets un mécanisme compliqué et étendu, dont l'harmonie peut être détruite par le plus petit projectile. Mais ce défaut est aussi préjudiciable que celui qui résulte de la position latérale des roues à aubes, qui, quoique plus capables que le mécanisme de supporter une avarie de la nature de celles dont nous parlons, réunissent aussi, au désavantage d'inutiliser une bonne portion de la force motrice, l'inconvénient majeur de présenter à l'action dangereuse de la vague des surfaces trop multipliées. On a essayé de prévoir aux chocs des vagues, en installant les roues à aubes par des rayons qui se replient en éventail ; aux pertes de puissances résultant de la poussée oblique des aubes, en les fabriquant à charnières ; enfin, au dernier inconvénient, en divisant les navires, pour prendre dans un canal intérieur les points d'appui des roues à aubes.

On a aussi essayé de donner aux navires une vitesse quelconque en recevant l'eau, comprimée sur l'avant, dans de grands tubes disposés convenablement, afin de pouvoir là refouler ensuite par derrière. La plupart de ces moyens n'ont fourni que des essais ruineux, et offrent peu d'avantages pour l'application en grand.

Bièle.

Une pièce telle que G L (fig. 18), qui communique la force et l'impulsion du balancier au coude du volant, s'appelle *bièle*. Quand les bièles et les manivelles coudées occupent, les unes par rapport aux autres, une position rectiligne ou une direction superposée, la puissance motrice continue à se communiquer à la résistance à vaincre par la seule force vive du volant. Elle est considérablement divisée aux environs de ces deux positions, et n'est entièrement directe que dans le court moment où les bièles et les coudes sont perpendiculaires les uns aux autres.

Les époques où les bièles et les coudes sont dans la direction la plus défavorable à la puissance motrice, correspondent aussi aux momens d'inertie des pistons, c'est-à-dire aux limites de leurs courses dans les cylindres.

Blanc de baleine (sperma ceti).

Matière grasse, semblable à la cire; elle est fournie par ce cétacée, et est employée pour lubrifier les pistons, leurs tiges et les autres parties du mécanisme des machines à vapeur qui doivent fournir un frottement doux. On la mêle avec les étoupes des garnitures, et avec celles qui sont contenues dans les boîtes à étoupes. On la remplace par toute espèce de corps gras et huileux.

Blanchir le métal.

C'est le polir imparfaitement.

Bleuir.

Pour bleuir le fer et l'acier, on commence d'abord par le polir et lui donner le brillant métallique, ensuite on le passe au feu jusqu'à ce qu'il ait atteint la couleur bleue; c'est la recuite des ressorts. Un peu au-dessous du degré de température relatif à cette couleur, l'acier perd entièrement les qualités qu'il a acquises par la trempe, et devient impropre à fournir de l'élasticité. On suppose que cette couleur bleue donne au métal la propriété de ne pas se laisser attaquer par la rouille ou l'oxide.

Boîtes à étoupes.

Pour donner aux tiges des pistons et des soupapes d'introduction une forme circulaire et régulière, on les calibre et on les passe au tour. Ces tiges fonctionnent dans une ouverture pratiquée aux fonds supérieurs des cylindres, ou des capacités dans lesquelles circulent les soupapes d'introduction. Elles passent ensuite dans des boîtes à étoupes (fig. 22). MN est un collet qui termine la boîte cylindrique et concave, au milieu de laquelle passe la tige du piston TI. La pièce OPBA est ajustée dans cette boîte, forme son couvercle, comme l'indique la figure, et est assujettie avec des vis sur le collet MN. La capacité CD contient l'étoupe imbibée de corps gras, dont les fonctions sont d'abord de s'opposer aux suintemens de vapeur, ensuite de lubrifier incessamment la tige du piston. Ce couvercle est, en outre, surmonté d'un godet EF, qu'on a soin d'entretenir plein de matières grasses.

Borax.

On se sert de cette matière pour faire couler la soudure forte.

Bouilleurs.

La résistance des chaudières étant inversement proportionnelle à leurs diamètres, on a cherché à diminuer l'étendue de ces derniers autant que possible ; et afin de conserver aux chaudières les mêmes capacités, on les augmente dans le sens de leur longueur et on en multiplie le nombre pour la même machine ; alors elles prennent le nom de bouilleurs. Plus petits et plus résistans que les chaudières, ils offrent aussi beaucoup d'avantages, par la manière dont on peut les installer, pour la distribution du feu sur leur surface extérieure. BB (fig. 38) sont des tubes bouilleurs.

Boulons.

Les boulons sont des vis qui portent une tête et une queue taraudée ; on en fait usage pour lier entre elles plusieurs pièces, qui font partie du mécanisme des machines à vapeur. La tête des boulons doit toujours s'appliquer contre celle des deux parties serrées qui offre le moins d'épaisseur ou de résistance.

Bras.

Les bras du balancier sont les deux parties de cette pièce comprises entre l'axe d'oscillation et chacune des deux extrémités. Plusieurs autres pièces du mécanisme peuvent recevoir le même nom lorsqu'elles remplissent des fonctions à peu près semblables.

Bringuebale.

Levier en fer dont le point d'appui est ordinairement placé entre la puissance et la résistance. On donne ce nom plus particulièrement aux leviers qui servent à faire mouvoir la tige des pistons de pompes.

Brûlure du métal.

Le métal des chaudières se brûle quand des sédimens quelconques viennent se déposer et se durcir contre la paroi inférieure et intérieure de ces vases. On emploie des pommes de terre pour prévoir à cet inconvénient grave. Mais on ne doit pas négliger de nettoyer souvent les chaudières, dont la durée est proportionnée aux soins qu'on en a.

Calorique.

Il est impondérable ; on l'obtient par le moyen du feu, et ce dernier par le concours de l'oxigène contenu dans l'air atmosphérique, et d'un corps combustible quelconque.

Il augmente le volume de presque tous les corps, fait passer les fluides, de l'état liquide non élastique à l'état de vapeur élastique, ou de gaz également élastique.

De tous les fluides aériformes, la vapeur aqueuse est celui qui a le plus de capacité pour le calorique.

Les gaz et les solides n'ont pas tous la même capacité pour le calorique.

Il est latent, quand, eu égard à l'espace qu'il occupe et relativement à la température ambiante, aucune sensation n'atteste sa présence ; il devient sensible quand la somme de ce calorique est resserrée dans un plus petit espace. Ou si, dans le cas contraire, il est sensible d'abord, il devient ensuite latent quand il est obligé de se distribuer dans un plus grand espace.

L'action de l'oxigène sur les métaux les brûle ou les oxide, quelques uns peuvent ensuite être débrûlés, et ils reprennent alors leurs qualités métalliques.

L'oxigène contenu dans l'air atmosphérique est l'aliment du feu ; les matières combustibles servent de véhicule, encore faut-il qu'une première impulsion ait été donnée à la matière calorifique de l'oxigène, soit par choc, par frottement rapide, ou par communication. On dit que les corps attaqués lentement par l'oxigène s'oxident, et qu'ils brûlent lorsque l'action se passe rapidement.

Les mélanges de quelques liquides donnent lieu à des réactions chimiques qui produisent des effets semblables. Il en est de même de certains gaz et de quelques sels ; quelquefois leur réunion, provoquée par une cause quelconque et spontanée, produit des détonations et des effets dangereux, etc.

Calotte.

Les chaudières des petites machines à vapeur sont terminées quelquefois par des fonds en tôle de même espèce que celle de la chaudière ; alors, au lieu de les faire plats comme ceux qui sont fabriqués en fonte de fer, on leur donne la forme d'une calotte conoïdale ou sphérique, qui jouit aussi de la propriété d'être plus résistante ; nous avons dessiné une chaudière semblable (fig. 36).

Cendrier.

Compartiment du fourneau destiné à recevoir les cendres, et à donner une libre issue à l'air qui doit servir à la combustion ; son ouverture doit être assez large pour fournir le passage à une quantité d'air déterminée. Les portes doivent être adaptées à coulisse afin de donner au chauffeur la faculté de les ouvrir ou de les fermer d'une certaine quantité. Ils peuvent ainsi augmenter ou diminuer à volonté le tirage du foyer ; on doit savoir qu'un certain degré d'ouverture de cette porte et du registre, fait le même effet que celui du chalumeau ; c'est-à-dire qu'il augmente l'activité du feu.

Centrifuge.

Force par laquelle une boule suspendue à un fil, et animée, comme une fronde, d'un mouvement circulaire plus ou moins rapide, tend à s'écarter du centre de rotation. On a eu l'idée heureuse d'appliquer cette propriété au modérateur représenté figure 14, et dont nous avons fait connaître l'utilité.

Chambres.

De même que les canons fondus, les tubes des cylindres moteurs contiennent quelquefois des chambres que l'alésoir n'a pu franchir. Lorsque ces défauts existent à la paroi intérieure des cylindres, ils concourent à la destruction des pistons ou de leurs garnitures.

Chantier.

On appelle chantier toutes les pièces de bois qui, dans les bâtimens à vapeur, servent de points d'appui au mécanisme de la machine. Pour ne pas fatiguer les navires on doit les multiplier le plus possible.

Chanvre.

Le chanvre est employé comme garniture des pistons; il doit être de bonne qualité, cardé et imbibé avec des corps gras ou huileux. Quand on l'applique aux pistons, on doit avoir le soin de ne pas y mêler des corps étrangers.

Charbon houille.

Combustible employé pour chauffer les chaudières. Il diffère en qualités, suivant les lieux et suivant son espèce. On estime que 7 kilogrammes de charbon de pierre ou houille de médiocre qualité, produisent par heure environ 25 kilogrammes de vapeur, lorsque la surface exposée à l'action du feu est égale à un mètre carré. Ces 7 kilogrammes de charbon demandent 168 kilogrammes d'air pour brûler.

On doit éviter que le charbon ou le combustible employé pour le chauffage, ne soit en contact avec les parois inférieures des chaudières.

Charge. Voyez *Puissance, Atmosphère.*

Chaudières.

Vases où se forme la vapeur; leur résistance doit être relative à leurs capacités et à la puissance de la vapeur; lorsqu'elles sont cylindriques, elles doivent aussi être proportionnées au diamètre. Voyez ce que nous en avons dit dans cet ouvrage.

Châssis vitré.

B (fig. 18) représente cette pièce; elle

sert à faire connaître la hauteur du niveau
de l'eau. On la remplace aussi par un tube
de verre doublement coudé, dont les deux
extrémités débouchées communiquent avec
l'intérieur de la chaudière; l'une, avec l'espace occupé par l'eau, l'autre, avec celui où
se forme la vapeur. Sa disposition doit être
telle, que la hauteur moyenne, que doit conserver le niveau de l'eau, soit à peu près à
la moitié de sa longueur.

Chauffeur.

Celui qui entretient le feu; il doit être vi-
gilant et prudent, doit connaître les accidens qui peuvent résulter d'un feu trop violent, et savoir pourquoi il ne convient pas
de jeter en grande quantité le combustible
dans le foyer. Il doit aussi s'assurer, à chaque
instant, de l'état du registre, du manomètre,
du niveau de l'eau; et il a sous ses mains,
pour en user au besoin, la porte du cendrier, les robinets jauges, et la soupape de
sûreté.

Chaux.

Les chaudières et le mécanisme doivent
être à l'abri de son contact, parce qu'elle
donne lieu à une prompte oxidation.

Cheminée.

La pratique apprend que le tirage du foyer est proportionnel à la longueur et au diamètre de la cheminée.

Relativement au volume et à la pesanteur de l'air dilaté et contenu dans un tube plus ou moins long, ouvert par en haut ; cette vérité s'accorde avec la théorie.

Un abaissement partiel du registre peut ne pas produire l'effet voulu, et, au lieu de diminuer le tirage, l'augmenter mal à propos.

Dans les bâtimens à vapeur les cheminées sont établies à charnières, afin de pouvoir être abaissées à volonté dans les cas nécessaires.

Chemises.

On donne ce nom à une espèce d'enveloppe de métal dont on entoure les cylindres moteurs, afin de les préserver du contact de l'air ambiant, et en partie de la perte de calorique résultant de l'expansion de la vapeur d'eau dans un plus grand espace. L'intervalle compris entre les cylindres et l'enveloppe dont nous parlons, est rempli par de la vapeur de la chaudière, ou par une matière solide ou fluide non conductrice du calorique. Nous avons eu déjà l'occasion de dire que M. Woolf ajoute un second foyer destiné à chauffer ce système, et qu'il obtenait ainsi une supériorité marquée sur les autres machines à vapeur.

Cheval.

Les Anglais et les Américains ont estimé que la force d'un cheval travaillant huit heures par jour, pouvait représenter une valeur constante de 150 livres. Cette quantité sert communément de mesure pour la détermination des forces que représente une machine à vapeur. Mais si les machines travaillent pendant vingt-quatre heures, elles produisent évidemment un effet triple.

Mais, comme nous avons déjà eu occasion de le dire, cette puissance de 150 livres doit être coordonnée avec la course que fournit le piston dans une minute ; c'est-à-dire que la force d'un cheval étant estimée par minute à 150 livres élevées à 220 pieds de hauteur, il faut que le piston parcoure cet espace dans le même temps, avec la même puissance. Un piston dont la course est de 3 pieds remplit ces conditions, en fournissant 36 coups doubles, puisque 3 fois 36 coups doubles, ou

3 fois 72 pieds, font à peu près 220 pieds ; un piston dont la course ne serait que de 2 pieds devrait donc donner 55 coups doubles dans la minute.

Au reste, on compare rigoureusement les machines à vapeur entre elles, en tenant compte de l'effet dynamique que chacune d'elles peut produire dans un temps donné. (Voyez *Unités dynamiques.*)

Chocs.

Dans toutes les machines appliquées aux arts et métiers, les plus grandes destructions de force motrice sont dues aux chocs ou aux secousses. Ils sont également nuisibles à la régularité des travaux auxquels ces machines sont adaptées.

Relativement aux secousses auxquelles peut donner lieu une introduction trop brusque de vapeur dans les cylindres, on peut les éviter en ne l'admettant que peu à peu au commencement de la course des pistons, plus abondamment après. On la laisse affluer ensuite librement jusqu'à la portion de course déterminée par la tension de la vapeur qu'on emploie.

Les articulations des leviers, des balanciers, des bièles, etc., doivent être également à l'abri des secousses, et être fabriquées de manière à pouvoir se resserrer, lorsque les effets de l'usure les auront rendus trop libres.

Clapets.

Dans les pompes ce sont de petites pièces à charnières ou à soupapes, destinées à s'ouvrir ou à se fermer à propos pour la conduite des eaux dans les tubes directeurs. Dans les machines à vapeur elles sont construites différemment, et avec plus de soins, afin de pouvoir faciliter ou arrêter l'écoulement d'un fluide bien plus subtil que l'eau; elles prennent alors le nom de soupapes. Leurs formes varient à l'infini, suivant le calibre des tubes et suivant les fonctions qu'elles sont appelées à remplir. Pour les pompes et les machines pneumatiques elles peuvent supporter des garnitures en cuir; pour les machines à vapeur il en est autrement : la haute température qu'ils éprouvent s'oppose à leur emploi.

Clef.

On donne ce nom aux manches des robinets.

Coins.

On emploie souvent l'effet du coin pour s'opposer au jeu inutile et nuisible des différentes parties du mécanisme que l'usure ou des accidens quelconques ont dégradées.

Collerettes.

Ce sont les prolongemens circulaires de métal qui terminent les cylindres, les chaudières, ou toute autre capacité, et qui servent à l'application des fonds de fermeture.

Combustible.

Plusieurs espèces de combustible sont propres à fournir le mouvement moteur; ceux qu'on emploie ordinairement sont le charbon de bois, la houille, le bois. La quantité de vapeur obtenue avec chacune de ces substances n'est pas la même; le charbon de bois peut fournir douze fois son poids de vapeur, la houille huit fois et demi, le bois tre fois.

La bonté d'une machine dépend de l'économie de combustible. (Voyez *Absorption, Calorique*, etc.)

Communication.

Les machines à vapeur dont on se sert au-

jourd'hui dans les arts et dans la marine ne
fournissent que le mouvement rectiligne et
alternatif; on le réduit ensuite en mouvement circulaire et continu, par des moyens
de communication qui détruisent toujours
une portion de la puissance motrice.

Complication.

Toute complication de mécanisme qui ne
donne pas lieu à une économie de combustible, ou qui ne sert pas à donner au
mouvement une direction avantageuse pour
un travail quelconque, est défectueuse.

Comprimer.

Il arrive, lorsque le vide n'est pas parfait, ou que les garnitures des pistons sont
perméables, que ces derniers, en achevant
leur course, compriment derrière eux un
volume quelconque de vapeur. Cet effet, en
contrariant celui de la puissance de la vapeur sous-jacente, produit une perte de
force motrice notable.

Condensation.

Nous avons parlé assez au long des propriétés du condenseur appliqué aux ma-

chines à vapeur ; mais nous n'avons rien dit de particulier sur la pompe qui sert à retirer l'air et l'eau de cette capacité. Cette pompe, à double effet, est dessinée dans la figure 24 *bis*. Elle communique avec le haut et le bas du condenseur A ; avec le haut, par le conduit dont D est la soupape ; avec le bas, par le tube dont la soupape est en F. Le tube, qui conduit l'eau de condensation à la chaudière, est également garni d'une soupape en G. La planche représente le piston dans un mouvement ascendant; et comme la pesanteur spécifique de l'eau provenant de la condensation la retient dans la partie basse du condenseur A, tandis que l'air occupe la partie supérieure, il résultera de ce mouvement d'ascension que l'eau entrera par F dans B, tandis que l'air contenu en C pressera d'une part la soupape D pour la fermer, de l'autre la soupape E pour l'ouvrir dans un sens convenable, et lui permettre de s'épancher au-dehors.

Au contraire, dans la descente du piston, l'eau qui, par l'effet du mouvement précédent, a rempli B, sera refoulée par G dans la chaudière, tandis que E se bouchant et D s'ouvrant, l'air du condenseur aura libre accès dans la partie supérieure de la pompe.

La tige de ce piston se rattache au mécanisme principal, et en reçoit le mouvement et la force nécessaire pour fonctionner avec régularité. (Voyez *Injection*.)

Conducteurs du calorique.

La propriété des corps non conducteurs du calorique est utilisée dans les machines à vapeur dont les cylindres sont entourés d'une seconde enveloppe. Ces matières, qu'on place dans l'intervalle compris entre les cylindres et l'enveloppe, sont destinées à conserver aux cylindres leur chaleur propre et à les garantir du contact de l'air extérieur. Parmi les corps non conducteurs du calorique, on sait que le charbon de bois occupe un des premiers rangs, puisqu'on peut en tenir à la main un morceau assez petit, tandis qu'une bonne portion de ce charbon est en incandescence.

Conservation.

Il importe, pour la conservation des machines à vapeur, d'écarter de leur mécanisme toute espèce de débris corrodans, tels que sable, émeril, etc., et que les poudres, au moyen desquelles on nettoie habituellement les diverses pièces de métal décapées, ne puissent tomber sur les articulations, sur les boîtes à étoupes, etc.

Contraction.

Les métaux, et presque toutes les substances solides ou fluides, se dilatent par la chaleur, et, lorsqu'ils ne supportent point d'effort, se contractent d'une égale quantité par le froid. Il en est de même du métal des chaudières, quand sa température intérieure et extérieure est égale ; mais dans le cas contraire, le métal peut se gercer à l'extérieur, et cet effet devient dangereux, puisque, relativement à la haute tension de la vapeur dans l'intérieur des chaudières, il s'ajoute à une dilatation forcée, qui n'est pas compensée ensuite par la contraction du métal.

Contre-poids.

Dans les machines à vapeur atmosphérique et à simple effet, le piston, au bas de sa course, se trouve en équilibre, puisqu'il est pressé par en haut par la colonne d'air atmosphérique supérieure ; et par en bas par la pression de la vapeur, qui n'est pas plus puissante. Cependant il est nécessaire de les faire arriver au haut des cylindres, afin de pouvoir produire le vide et profiter ensuite de la pression atmosphérique. On emploie à cet effet des contre-poids que l'on adapte en quantité convenable au bras du balancier opposé à celui que le piston fait mouvoir.

Les contre-poids servent aussi au jeu de plusieurs autres pièces de la machine, telles que soupapes de sûreté, flotteurs, soupapes d'introduction, etc. On peut les remplacer par des ressorts.

Coups de piston.

On entend par coup de piston l'arrivée de ce dernier à chacune des extrémités du cylindre moteur. Deux coups de piston composent une pulsation.

Course des pistons.

C'est le chemin que parcourent les pistons de haut en bas ou de bas en haut.

Crever.

Les chaudières crèvent lorsque la vapeur s'accumule en trop grande quantité dans leurs capacités intérieures, et qu'en même temps les soupapes de sûreté ne remplissent pas leurs fonctions. A l'article *Chaudière*, au commencement de cet ouvrage, nous avons examiné les cas qui peuvent donner lieu à ces accidens funestes, ainsi que les moyens avec lesquels on peut y prévoir.

Crible.

Pour éviter que des fragmens d'oxide, ou tout autre détriment, ne se fassent issue des chaudières jusqu'aux pistons, et ne viennent ainsi, en se fixant dans les garnitures des pistons, dégrader les cylindres, nous pensons qu'il serait utile de placer un crible métallique dans l'intérieur des chaudières et aux ouvertures des tubes qui conduisent la vapeur aux cylindres.

Cuivre.

On se sert quelquefois du cuivre rouge et du laiton pour fabriquer les chaudières des machines à vapeur. Plus dispendieuses, elles sont aussi plus durables et moins sujettes aux accidens de rupture, les effets du galvanisme peuvent être utilisés pour les préserver de l'oxide. Ce métal, à une température supérieure de 100°, acquiert une qualité aigre

qui rend ses frottemens durs et raboteux ;
cependant on l'emploie pour fabriquer les
étuis des boîtes à étoupes, qui servent de
conduits aux tiges des pistons ; mais il ne
convient pas pour les cylindres moteurs.

La force de résistance du cuivre rouge est
à celle du fer comme 2 est à 3 ; celle du
cuivre jaune comme 2,5 est à 3.

Culot.

Dépôt qui se forme au fond des chaudières et qu'on doit avoir soin d'enlever le
plus souvent possible.

Cylindre.

Pièce cylindrique et principale du mécanisme, destinée à recevoir le piston, et où la
vapeur se rend pour lui communiquer sa
puissance et le mouvement. Ils se fabriquent
ordinairement en fer fondu, et souvent une
seule chaudière alimente deux corps de cylindre. (*Voyez* ce que nous en avons dit dans
cet ouvrage.)

Cylindrique.

On donne cette forme aux cylindres et
aux chaudières parce que, après la forme
sphérique, c'est celle qui offre le plus de
résistance.

Décomposition.

L'eau, en se transformant en vapeur, ne se décompose pas, elle ne fait que changer de forme et de qualité. La petite portion d'eau qui se décompose est celle qui, étant en contact avec le métal chauffé, y dépose son oxigène, et donne naissance à l'oxide de fer, qui est une des causes principales de l'usure des chaudières.

Déformer.

Les cylindres moteurs de grandes dimensions, rodés et travaillés à froid, se déforment ensuite dans l'usage par les effets réunis d'une haute température et de la grande pression de la vapeur. Ces accidens donnent lieu aux pertes de vapeur dont nous avons déjà eu l'occasion de parler.

Dégagement de calorique.

Lorsqu'on comprime un volume de gaz ou un fluide élastique (la vapeur d'eau, par exemple) dans un espace proportionnellement beaucoup plus petit, il y a dégagement de calorique, parce que la chaleur contenue dans toutes les particules de ce volume de vapeur se trouve resserrée et réunie spon-

tanément dans un espace beaucoup moindre.
Le résultat numérique de ce dégagement doit
être nécessairement relatif aux différences de
capacités et à la rapidité de compression.
(Voyez *Absorption*, *Calorique*, etc.)

Diamètre.

L'épaisseur du métal des chaudières, lorsqu'elles sont cylindriques, doit être proportionnée à leur diamètre, à la tension de la
vapeur, et à la force propre du métal employé. Le diamètre des cylindres, et par conséquent des pistons, doit être relatif au
nombre de chevaux dont la machine représente le travail. On sait qu'en calculant la
superficie d'un piston qui doit fournir une
force quelconque, on doit avoir égard aux
effets du frottement, qui en détruisent plus
de la moitié.

Relativement à la longueur de course des
pistons, qui ordinairement est de 3 pieds
pour 36 pulsations en une minute, nous avons
dit, à l'article *Cheval*, qu'elle pouvait se
réduire, mais qu'alors il fallait augmenter
convenablement le nombre des pulsations
dans le même temps.

On peut encore arriver aux mêmes fins en augmentant la superficie des pistons, et par conséquent leur diamètre ; car s'il s'agissait, par exemple, de réduire la course de 3 pieds à 1 pied $\frac{1}{2}$, on sait que la force d'un cheval, en une minute, est égale à 66 kilogrammes élevés à 220 pieds, ou, ce qui est équivalent, à 132 kilogrammes élevés à 110 pieds, ou bien encore à 36 pulsations dans le même temps, mais avec une superficie de piston, et par conséquent une puissance double. On gagne donc en force ce qu'on perd en vitesse.

Digesteur de Papin.

M. Papin donnait ce nom aux vases avec lesquels il soumettait l'eau à une très haute température. On s'en sert pour réduire les os en gélatine. M. Perkins a donné le nom de *générateurs* à ces espèces de vases.

Dilatation.

La dilatation du métal concourt à déformer les cylindres et à faire crever les chaudières. (Voyez *Contraction*.)

Distillation.

À la mer, on pourra profiter de la distillation continuelle de l'eau des chaudières pour obtenir de l'eau douce ; mais, dans ce cas, il ne faudrait pas la refouler dans la chaudière après la condensation.

Double effet.

Dans le principe, les cylindres des machines à vapeur étaient ouverts par en haut, et leurs pistons fonctionnaient comme aujourd'hui de haut en bas et de bas en haut ; mais le dessus du piston ne participait ni à la poussée de la vapeur, ni à l'effet du vide ; il était couvert ordinairement d'une couche plus ou moins épaisse d'huile ou de matières grasses, quelquefois de mercure ; mais comme le contact de l'air, arrivant par l'ouverture débouchée, tendait à refroidir la surface intérieure du cylindre, on eut l'idée de la boucher par un fond auquel on pratiqua une ouverture destinée à laisser passage à la tige du piston ; ensuite on fit agir la vapeur et la condensation par en haut comme on le faisait par en bas. Pour obtenir ce double effet, qui inutilise les contre-poids, on eût été obligé de se servir de deux systèmes à simple effet : alors le frottement eût été augmenté de celui du second piston ;

ici le même sert aux deux fonctions, et cet avantage doit s'ajouter à celui qui résulte du défaut de communication de l'air dans l'intérieur des cylindres.

- Les machines à double effet, suivant qu'elles travaillent avec de la vapeur plus basse ou plus élevée en tension que deux atmosphères, prennent le nom de *machines à vapeur à double effet*, à basse ou haute pression ; toutefois la force double qui résulte de ce double effet est proportionnée à une consommation pareille de vapeur.

Dôme de la chaudière.

C'est la partie élevée de la chaudière qui est occupée par la vapeur d'eau.

Ductile.

Qualité du fer malléé qui le rend propre à obéir aux torsions diverses et aux coups de marteaux qu'on lui fait supporter. La fonte de fer ne jouit pas des mêmes propriétés.

Dynamique.

On entend par unités dynamiques un nombre quelconque de mètres cubes d'eau (mille kilogrammes) élevés à une hauteur d'un mètre dans un temps donné.

Pour comparer les machines à vapeur entre elles, on est convenu de mesurer les quantités d'unités dynamiques qu'elles sont capables de produire dans un temps déterminé, et avec une quantité égale de combustible.

Ainsi, en supposant qu'une machine à vapeur ait élevé en 30 heures, et à 20 mètres de hauteur, une quantité d'eau égale à 400 mètres cubes, et consommé 300 kilogrammes de charbon, à un mètre de hauteur, ce produit eût été égal à 8000 mètres cubes pendant 30 heures, ou 266 par heure, avec une consommation de 10 kilogrammes de charbon, ou encore à 27 unités dynamiques pour un kilogramme de charbon.

Or la vapeur d'eau produite par un kilogramme de charbon (houille) est capable d'élever 138 mètres cubes d'eau à un mètre de hauteur; donc, l'effet utile de la machine ci-dessus n'est que le cinquième de la force que déploie la vapeur d'eau pour un kilogramme de houille.

On distingue deux espèces d'unités dynamiques, les grandes et les petites : les grandes sont celles dont nous venons de parler; les

petites sont la millième partie des grandes,
c'est-à-dire qu'elles sont représentées par la
valeur d'un kilogramme d'eau élevée à un
mètre.

Eau.

C'est le liquide qu'on emploie pour obtenir
la vapeur, et de là le mouvement moteur.
L'eau de mer est également propre à cet
usage, et les dépôts salins auxquels donne
lieu la distillation se mêlent facilement aux
pommes de terre (à leur bouillie) qu'on a
soin d'entretenir dans la chaudière.

On a essayé de remplacer l'eau par des liquides plus vaporisables; mais les profits résultant de l'économie du combustible ne
compensent pas les frais d'entretien. (Voyez
Alcool.)

L'eau se vaporise même à — 20° centigrades; à 0° elle se solidifie; à + 100° de
température elle entre en ébullition, et balance la pression atmosphérique à + 217°;
elle peut faire équilibre à une pression de 40
atmosphères.

Elle se décompose par l'effet du galvanisme, et cette décomposition, due au con-

tact de deux métaux différemment électrisés, donne lieu à une prompte dégradation de la part de celui qui conserve l'électricité vitrée ou positive. (Voyez *Pile de Volta.*)

Ébullition.

Action tumultueuse de l'eau à 100° de température et sous une pression de 0^m,76. L'ébullition de l'eau est retardée ou avancée suivant que la pression atmosphérique ou toute autre pression, agissant sur sa surface, devient plus ou moins grande.

L'ébullition de l'eau peut être hâtée par le mélange de certains corps ou sel ; mais ces moyens n'ont point d'application à notre objet.

Écailler.

Les métaux, et particulièrement celui qui entre dans la fabrication des chaudières en fer, s'écaillent par les effets de l'oxidation. Ce sont ces écailles qui, en pénétrant dans les cylindres, se fixent dans les garnitures des pistons, et donnent lieu aux cannelures qui les dégradent. On doit donc chercher un moyen de prévoir à cet accident nuisible, sécher autant que possible les chaudières, quand on ne s'en sert pas, enlever les dépôts qui s'y forment incessamment; en un mot, les nettoyer le plus souvent possible.

Écrou.

Morceau de métal d'une forme carrée ou octogonale, percé au milieu d'une ouverture taraudée, destinée à recevoir la partie vissée des boulons. Les fonds des chaudières, des cylindres, et les collerettes des tubes de conduits se fixent avec solidité au moyen d'écrous et de leurs boulons.

Émeri.

Poudre corrodante dont on se sert pour polir les métaux.

Si l'emploi de l'émeri devient nécessaire pour le nettoyage de quelques parties du mécanisme des machines à vapeur, on doit éviter avec soin d'en répandre sur les articulations, sur les boîtes à étoupes, etc.

Engrenages.

Dans les machines à vapeur on peut éviter les engrenages, qui ne sont le plus souvent qu'une complication inutile, dispendieuse, sujette à l'usure, à des dérangemens fréquens, et qui décompose la force motrice.

Entourages.

Les entourages d'une machine à vapeur doivent être libres, afin qu'on puisse s'assurer, au premier coup d'œil, si toutes les parties du mécanisme fonctionnent bien, s'en approcher, et remédier promptement aux accidens qui peuvent avoir lieu.

Enveloppe. (Voyez Chemise.)

Épreuves.

Effort que l'on fait supporter aux chaudières avant de les employer, pour s'assurer de leur résistance. Nous en avons indiqué deux espèces : les épreuves à l'eau froide et les épreuves à l'eau chaude; ces dernières sont les plus certaines. Nous avons dit comment ces diverses épreuves doivent se pratiquer.

Étoupe.

On emploie l'étoupe pour garnir les pistons et les boîtes à étoupes. (Voyez Chanvre.)

Étui.

Lorsqu'une tige de piston ou de toute autre pièce est destinée à circuler dans une ou-

verture quelconque, on ne borne pas le frottement de cette tige à la seule épaisseur du
fond; les points de conctat seraient trop
promptement dégradés. Alors on les multiplie, en adaptant une portion de tube qui se
fixe au fond, et c'est cette portion de tube
qu'on appelle étui. On les fabrique en laiton
(cuivre jaune) ou en bronze, lorsque les
frottemens ont lieu contre du fer.

Évaporation. (Voyez *Absorption*, *Calorique, etc.*)

Excentrique.

Mécanisme qui, dans les machines à vapeur, sert à faire mouvoir les soupapes d'introduction. L'excentrique, qui se fixe sur un
des axes de rotation de la machine, est can-
nelé pour recevoir une pièce semblablement
fabriquée. En tournant il imprime à cette
pièce de communication un mouvement de
va et vient, qui correspond aux tiges des soupapes d'introduction.

Fig. 41, A, est l'axe de rotation; la portion circulaire B qui en fait partie, suit son
mouvement, mais en parcourant un cercle
qui diverge. En considérant le seul point B,

on voit qu'il décrit un cercle égal à celui qui est indiqué par les lignes ponctuées. Ce mouvement de va et vient est très doux, et se communique, par des articulations convenablement disposées et coudées, à la pièce qui exige un mouvement semblable.

Fer.

Les expériences faites pour connaître la force de ce métal ont été exécutées à froid. Il est très probable qu'à chaud elles supporteraient des modifications. Il en est de même de celles qui ont fait connaître la résistance des métaux dont nous avons donné la table à la fin du volume. On ne doit donc compter sur ces résistances que dans des circonstances semblables.

L'acier se fabrique avec du fer, au moyen de la cémentation ; opération par laquelle le carbone parvient à pénétrer jusque dans le milieu des barres de fer exposées au feu soutenu des fourneaux. Lorsque ce feu n'est pas maintenu assez long-temps, les surfaces seules s'acièrent ; toutefois, en les trempant après cette opération, leur enveloppe extérieure acquiert les mêmes qualités que l'acier : c'est la trempe à paquet des armuriers. Comme les barres d'acier ne jouissent pas toujours dans toute leur épaisseur des mêmes qualités, et que d'ailleurs elles peuvent contenir des pailles ou soufflures, on les fond dans des creusets pour mêler intimement leurs molécules; mais on a le soin de placer au-dessus du métal en fusion un flux vitreux, dont la propriété est d'empêcher le carbone de s'évaporer. La bonté de l'acier de cémentation dépend de celle du fer employé; la bonté de l'acier fondu de celle de l'acier de cémentation.

Feu.

Le feu est le principe du mouvement, l'agent moteur des machines à vapeur. Une trop grande quantité d'air, lorsqu'il n'est pas animé par un courant quelconque, produit un feu lent et peu actif. Un abaissement partiel du registre et un certain degré d'ouverture de la porte du cendrier déterminent ce courant et attisent le feu.

Le feu, après avoir réduit l'eau en vapeur, se mêle avec cette dernière, sous une forme qu'on est convenu d'appeler calorique, lui

donne une force illimitée dont on ne connaît
pas bien encore les lois , et l'abandonne ensuite avec promptitude pour la soustraire à
l'équilibre.

On applique le feu de différentes manières,
dont nous avons déjà exposé les principales.

Feuilles de tôle.

Le fer de tôle dont on fabrique les chaudières s'obtient en feuilles par le moyen du
laminage. Or, cette opération donne au métal
à peu près les mêmes qualités que celles qu'il
acquiert par le martelage ; on peut donc aussi
lui appliquer les mêmes valeurs quant à sa
résistance.

Les ouvriers doivent être soigneux à rechercher si les feuilles qu'ils doivent mettre en
œuvre ne contiennent pas des gerçures ou des
défauts qui doivent en faire proscrire l'usage.

Flamme.

On lui fait parcourir le plus de chemin
possible , afin de la mettre plus long-temps
en contact avec la surface des chaudières.

Si le contact de la flamme contre le métal
des chaudières n'entraîne avec lui aucun in-

convénient, il n'en est pas ainsi du combustible même, car il peut en résulter une dégradation semblable à celle des grilles qui le supportent, et qu'on sait être d'un usage très limité.

Flotteurs.

Dans les machines à vapeur à basse pression, il y a deux flotteurs, l'un G (fig. 20), qui est en pierre, sert à l'élévation de la soupape P, et par suite à l'alimentation de la chaudière. Sa pesanteur spécifique est balancée par un contre-poids M.

L'autre flotteur est un cylindre de métal creux et pesant F, destiné à circuler dans le tube nourricier DB, qui communique avec la chaudière par en bas. Il sert à l'élévation ou à l'abaissement du registre.

Dans les machines à vapeur à haute pression, on ne peut employer de tube semblable à DB, parce qu'il lui faudrait une longueur démesurée pour que l'eau contenue puisse balancer la pression intérieure de la chaudière. Mais alors on se sert, comme nous l'avons déjà dit, d'une pompe aspirante et foulante d'alimentation. Dans ce cas, le flotteur en pierre G, au moyen d'un fil de métal qui traverse l'épaisseur de la chaudière, se rattache immédiatement à la chaîne du registre.

Fonctionner.

Une machine à vapeur est en fonction ou fonctionne lorsqu'elle agit pour produire un travail déterminé. La régularité de ses fonctions est obtenue par le volant et le modérateur : le premier, par sa force d'inertie ; le second, par l'effet de la force centrifuge.

Fonds.

Les extrémités des cylindres moteurs et des chaudières cylindriques sont bouchées par des fonds en fonte de fer. Leur épaisseur doit être relative à la résistance de cette matière, à la pression de la vapeur sur leur surface plane intérieure, enfin à l'étendue de leur diamètre. On les fixe au moyen de boulons à écrou.

Fonte de fer.

On appelle fonte de fer le produit de la fusion de ce métal. Il en est de bonne et de mauvaise qualité, c'est-à-dire de douce et d'aigre. La première seule, susceptible de se laisser entamer par la lime, doit être em-

ployée dans la fabrication des machines à
vapeur. Le beau poli qu'elle est capable d'acquérir par le frottement, tend aussi à la
diminuer considérablement.

Fourche (*Arbre*).

Dans les bateaux à vapeur, l'arbre doublement coudé, représenté fig. 15, qui reçoit
la puissance des deux cylindres pour la transmettre aux roues à aubes, et par conséquent
au navire, s'appelle *arbre de fourche*.

Fourneaux fumivores.

On donne ce nom à ceux qui ont la propriété de brûler la fumée. (*V.* ce que nous en
avons dit au commencement de cet ouvrage.)

Frottemens.

On estime, dans la pratique, que plus de
la moitié de la puissance disponible de la
vapeur d'eau est perdue en frottemens.

Les frottemens du cuivre, à chaud, sont
aigres et raboteux : il en est autrement de
ceux qui résultent du fer contre le cuivre,
à froid ; ils donnent d'excellens résultats :
aussi on les emploie fréquemment dans toutes
les machines relatives aux arts et métiers.

Les boîtes à étoupes, entretenues de matières grasses, concourent à diminuer beaucoup la dureté des frottemens.

On doit avoir égard au frottement dans le calcul des superficies de pistons.

Fuir.

Une chaudière fuit quand elle laisse échapper la vapeur ou l'eau par quelques joints ou fissures. (Voyez *Mastic.*)

Fumée.

La fumée contient en elle-même un principe combustible dont on a cherché à profiter. (Voyez *Fourneau fumivore.*)

Fusion, Fusible.

Il y a déjà quelque temps qu'on a appliqué les anneaux en métal fusible aux soupapes de sûreté. Voici quelques données qui pourront servir de règles pour obtenir, de la part des alliages qui les composent, le degré de fusibilité nécessaire.

Alliage fusible à 100 *degrés centésimaux* (température de l'eau bouillante).

Bismuth................	8	parties.
Plomb.................	5	Id.
Étain.	3	Id.

On mélange ces métaux par la fusion, et on coule ensuite dans des moules.

En variant les quantités, on varie aussi le degré de fusibilité du mélange.

Alliage fusible au-dessous de la chaleur rouge cerise.

Antimoine............ 20 parties.
Plomb............... 80 *Id.*

Cet alliage est malléable.

Garnitures.

Les pistons des machines à vapeur sont fabriqués de manière à pouvoir être entourés d'une certaine quantité d'étoupes, dont le but est d'adoucir les frottemens, et de les rendre tels qu'ils puissent s'opposer à toute issue de la part de la vapeur. Cette étoupe reçoit le nom de *garniture*. Lorsqu'elles sont usées, ou trop lâches, on a la faculté de les projeter et de les serrer sans démonter l'appareil, par la seule manière dont les pistons sont fabriqués.

Les pistons, dont nous avons déjà eu l'occasion de parler, et qui sont tout en métal, s'appellent *pistons en garnitures métalliques.*

Générateurs.

Les vases épais au moyen desquels on donne à la vapeur une telle élévation en température, que sa force élastique surpasse celle de la poudre à canon, s'appellent *générateurs*. On donne aussi ce nom aux tubes de métal avec lesquels on cherche à remplacer les chaudières. (*Voyez* ce que nous en avons dit dans cet ouvrage.)

A Paris on ne compte pas moins de dix mécaniciens qui s'occupent de la construction des générateurs dont nous avons parlé. Il ne nous appartient pas de donner la description des appareils sur lesquels ils fondent des spéculations; mais nous allons compenser cette lacune, en faisant connaître celui de la construction duquel nous sommes occupés dans ce moment.

Comme les tubes générateurs nécessitent l'emploi d'un foyer dont la disposition soit telle qu'il puisse les maintenir à un haut degré de température; que ces appareils, tels qu'on les fabrique dans ce moment chez les mécaniciens qui s'occupent de ces essais, demandent aussi le secours d'un soufflet pour attiser le feu, nous avons pensé éviter cette complication en augmentant les surfaces de chauffe et le foyer, sans toutefois nous écarter du but principal, qui est de n'agir que sur une très petite quantité d'eau.

La fig. 42 représente le générateur en question, ou plutôt une section par un plan perpendiculaire à sa longueur. La figure 43 montre une autre section, par un plan perpendiculaire au premier et parallèle à l'axe.

FZRG est un cylindre de tôle excentrique à un autre cylindre intérieur F'Z'R'G' un peu aplati en H'. C'est entre eux deux, et dans l'espace FG, que se forme et s'échauffe la vapeur qu'on doit employer. Ce dernier espace en G est également compris entre deux feuilles de tôle, il communique librement avec le reste des autres capacités, et sert principalement à faire parcourir à la flamme un plus grand espace. Il reçoit aussi l'eau d'injection par D, la distribue en vapeur à tout le reste de l'appareil, et cette vapeur en sort par V, pour aller nourrir le mouvement moteur.

Les deux enveloppes excentriques et concentriques, ainsi que la cloison F G, sont liées entre elles par des piliers qui riveront en dehors, et qui sont destinés à solidifier le système.

Il résulte de cette construction que la vapeur qui se formera immédiatement après la chute de l'eau d'injection, se répandra dans tout l'appareil, s'échauffera rapidement, prendra une tension relative à la chaleur du métal qu'elle touchera de toute part, et pourra s'échapper ensuite par V, lorsque les fonctions de la machine l'exigeront.

Dans cet appareil une rupture ne pourrait être générale ni donner lieu aux graves accidens que l'on encourt avec les chaudières ordinaires. La disposition des rivets, l'effet de la puissance de la vapeur sur chacun des deux cylindres, favorisent également la solidité du système.

Les flèches indiquent la route que suit la flamme avant d'arriver à la cheminée; Z R est la grille, H' un espace ménagé pour recevoir les sédimens, *cab* une enveloppe circulaire destinée à contenir des matières non conductrices du calorique, du charbon pilé, par exemple.

Relativement aux générateurs, l'eau ali-

mentaire ne doit être injectée que quand la
soupape d'introduction du cylindre moteur
est entièrement fermée ; car un effet de cette
injection, dans le cas contraire, serait évidemment de soustraire à la vapeur une grande
partie de sa puissance. Mais, comme ces appareils ne seraient avantageux que par suite
de leur application à une vapeur fortement
tendue, que, dans ce cas, l'introduction de la
vapeur dans les cylindres doit être interrompue à une certaine portion de course du piston, en l'injectant après cette époque, elle
aura ensuite, pendant le reste de sa course,
un temps suffisant pour se convertir en vapeur très élevée en température, telle enfin
qu'elle est nécessaire pour les fonctions du
coup de piston suivant.

Godets.

Les boîtes à étoupes sont ordinairement
surmontées d'un godet destiné à recevoir les
matières grasses qui lubrifient les tiges des
pistons et des soupapes d'introduction ; ces
godets sont aussi destinés à entretenir celles
qui sont contenues dans l'intérieur des boîtes à
étoupes. On doit éviter d'y laisser tomber du
sable ou toute espèce de poudre quelconque.

Grains.

Défauts du métal communs au fer. Inapparens d'abord, ils se découvrent ensuite par l'usure, et dégradent les cylindres ou les pistons. (*Voyez* ce que nous en avons dit.)

Grilles.

Système composé de plusieurs barres de fer réunies sur un châssis, dans une direction parallèle. Semblables à celles de tous les fourneaux ordinaires, elles supportent le combustible, et par cela même ne résistent pas à un long usage.

On doit attribuer leur prompte dégradation aux effets de l'oxigène de l'air, qui arrive en abondance pour nourrir le feu. L'air renouvelé sans cesse par l'effet nécessaire du tirage, et continuellement en contact avec les barres de la grille pendant leur incandescence, y produit une oxidation continuelle; elles se fondent quelquefois.

On emploie aussi des grilles circulaires et tournantes au moyen d'un engrenage extérieur. (*Voyez* page 35.)

Gueule.

Ouverture du fourneau.

Haute pression.

Les machines à haute pression sont celles dans lesquelles on emploie la vapeur à une tension de plus de deux atmosphères. Elles peuvent être à simple et à double effet, et offrent des avantages sur les autres machines.

Inertie.

Propriété qu'ont les corps de rester d'eux-mêmes dans leur état de repos, ou de mouvement, jusqu'à ce qu'une cause étrangère les en retire.

Injection.

On obtient le vide nécessaire pour profiter de la pression atmosphérique, en injectant en quantité nécessaire de l'eau froide dans la capacité qui contient la vapeur. Dans les machines à vapeur d'aujourd'hui on injecte cette eau dans un vase séparé du cylindre, mais qui communique avec lui en temps convenable. Comme l'effet de communication est instantané, il en est de même de la condensation. Les parois de ce vase doivent être assez épais pour soutenir la pression de l'atmosphère qui agit sur tous les points de sa surface extérieure.

L'eau d'injection est refoulée dans le condenseur au moyen d'une pompe appropriée à cet objet. Elle se mêle avec celle qui résulte de la condensation de la vapeur, et est refoulée ensuite dans la chaudière par une seconde pompe à double effet. (Voyez *Condensation.*)

L'effet de la condensation est proportionné à la température et à la quantité d'eau d'injection.

On a essayé aussi de se passer de l'injection en faisant communiquer, comme par l'autre procédé, le cylindre avec un vase destiné à recevoir la vapeur ; mais alors ce vase doit être d'une certaine capacité, et être maintenu à une température très basse.

La quantité d'eau que l'on doit injecter dans les condenseurs, pour opérer la condensation, doit dépendre de la température moyenne avant et après la condensation ; elle doit aussi être proportionnée au volume de vapeur à condenser, et à sa qualité relativement à sa température.

Prenant pour unité de mesure celle qui est adoptée généralement,

Supposant la force d'un cheval représentée par un poids de vapeur égal, par heure, à .. •30^k·

Pendant une minute. 0,5

A 80 courses de piston, chacune d'elles consommera une quantité de vapeur qu'il faudra condenser, égale à............ 0,00625

Mais la chaleur d'un gramme de vapeur à 100° est égale à celle de 6,50 grammes d'eau liquide à 100°.

Supposons aussi que la température de l'eau, lors de son injection, soit égale à 17°, et à 32 après,

Nous aurons la proportion suivante :

$$32 - 17 : 6,50 :: 100 : x = 43 ;$$

c'est-à-dire que pour condenser 1 gramme de vapeur à 100°, nous devons injecter 43 grammes d'eau à 17°, pour 0,00625^k; qui représente la quantité de vapeur à condenser à chaque course; nous aurons 0^{gram}.,256

---

d'eau à 17° à injecter. C'est sur cette quantité que doit se calculer la dimension de la pompe à injecter.

Les dimensions de la pompe à double effet, qui est adaptée au condenseur, doit aussi être basée sur ces quantités. L'eau d'injection dégageant, pendant la condensation, une certaine quantité d'air, c'est aussi pour l'expulser qu'elle doit être construite à double effet.

Ces volumes d'eau et d'air à soustraire du condenseur, étant très variables, on ne risque rien de forcer les dimensions de la pompe qui y est adaptée, afin qu'elle puisse agir sur les plus grandes quantités probables.

Jauges.

Portions de tubes garnies de robinets qui servent à faire connaître la hauteur du niveau de l'eau dans la chaudière. Ils sont désignés sous les lettres R et S, fig. 18. L'un, R, communique avec le dôme de la chaudière; l'autre, avec l'espace qui est occupé par l'eau. Leur place est déterminée par le niveau moyen que doit conserver l'eau quand la machine est en fonction.

Laiton ou cuivre jaune.

Alliage de cuivre rouge et de zinc; il est fréquemment mis en usage dans les machines
à vapeur. A chaud, il fournit un mauvais
frottement; à froid, le contraire a lieu.

Machines à vapeur.

Il y a différentes espèces de machines à
vapeur. Aujourd'hui les plus usitées sont :
les machines atmosphériques qui travaillent
avec de la vapeur égale en pression à celle
de l'atmosphère ; les machines à basse pression, dans lesquelles on emploie quelquefois
la vapeur jusqu'à une tension égale à deux
atmosphères; les machines à haute pression,
qui travaillent sous une tension de plus de
deux atmosphères ; enfin, les machines de
Woolf, à double-cylindre. Toutes ces machines, qui fonctionnent avec des pistons,
peuvent être à simple ou à double effet.

On connaît encore les machines atmosphériques, sans pistons, semblables à celle de
l'abattoir de Grenelle, dont nous avons parlé,
les machines presque rotatives et celles qui le
sont entièrement.

Malléable.

Qualité du fer ductile. (*Voyez* ce mot.)

Mandrins.

Modèles en bois ou en plomb qui servent de moule, de mesure, ou de guide aux ouvriers.

Manomètre.

Appareil de Mariotte qui sert à mesurer le degré de tension de la vapeur dans l'intérieur des chaudières. Il doit être fixé à la chaudière, ou aux environs, à l'abri des chocs et d'une manière visible pour celui qui est chargé de la conduite du feu. Cet instrument, qui se compose d'un tube de verre recourbé et enflé à sa base, porte des divisions et sous-divisions qui correspondent à des nombres et parties d'atmosphères.

Dans les machines à basse pression, ce tube peut être débouché à l'extérieur ; mais dans ce cas l'étendue de la colonne de mercure ne doit jamais dépasser $1^m,52$.

Marche.

On ne doit mettre en marche une machine.

que lorsque la vapeur a acquis la tension sous laquelle elle doit travailler.

Suivant les machines on est obligé de donner la première impulsion au mouvement pour les mettre en marche.

Mastic.

Composition dont on se sert pour boucher les fissures. (*Voyez* ce que nous en avons dit.)

Mercure.

Il y a certaines machines à vapeur pour le jeu desquels on emploie ce métal comme véhicule ou moyen de transmission. On doit se soustraire autant que possible aux vapeurs malfaisantes que produit ce métal lorsqu'il est échauffé.

S'amalgamant avec presque tous les métaux, hors le fer, on doit craindre son contact avec le cuivre, dont on fabrique plusieurs pièces du mécanisme. Nous avons déjà dit qu'un renversement du mercure du manomètre dans une chaudière de cuivre, doit infailliblement en causer la rupture.

Modérateur.

On emploie, pour régulariser la puissance et le mouvement des machines à vapeur, deux modérateurs, le volant et celui qu'on appelle à force centrifuge. (*Voyez* ce que nous en avons dit.)

Motrice.

La force motrice des machines à vapeur est produite par le feu ; l'eau n'est qu'un véhicule. Les frottemens, l'inclination des bièles, etc., la divisent considérablement avant qu'elle n'arrive à la résistance à vaincre.

Noyau.

Massif de métal cylindrique auquel sont fixées, dans les machines rotatives, les vannes qui reçoivent l'impulsion de la vapeur.

Papier.

Le papier gris reçoit aussi une application dans les machines à vapeur ; son interposition entre les parties serrées s'oppose aux suintemens de vapeur.

Pile de Volta.

Les effets galvaniques de la pile de Volta se reproduisent dans toutes les machines où l'on est obligé de mettre en contact le cuivre avec le fer, et où leurs qualités électriques sont aiguisées par l'humidité.

Tout en prévenant les résultats nuisibles qui peuvent en être la conséquence, nous pensons aussi qu'on peut en utiliser les propriétés.

Le cuivre, relativement au fer, conserve l'électricité résineuse ou négative; le fer, l'électricité vitrée ou positive : c'est celle qui le rend propre à s'emparer de l'oxigène, et qui, par conséquent, produit son oxidation.

Plomb.

On emploie ce métal en feuille, à la place du papier gris, pour les parties qui sont susceptibles d'être démontées plusieurs fois.

Lorsque deux pièces du mécanisme ont été serrées avec des feuilles de plomb intermédiaires, on peut encore empêcher les suintemens de vapeur, en écrasant à coups de marteau les bavures de ce métal qui se projettent en dehors des jointures.

Pommes de terre.

Nous avons déjà dit pourquoi on mettait des pommes de terre dans les chaudières. Elles doivent se renouveler tous les trois ou quatre jours. (*Voyez* à l'article *Chaudière*, au commencement du livre.)

Pompes.

Les pompes dont on se sert dans les machines à vapeur sont : 1°. la pompe alimentaire, elle sert à alimenter d'eau la chaudière ; 2°. la pompe à injection, c'est elle qui refoule dans le condenseur l'eau qui doit produire la condensation ; 3°. la pompe à air et à eau du condenseur, destinée à enlever ces deux fluides de cette capacité.

Presse hydraulique.

En injectant, au moyen d'une pompe foulante, de l'eau froide dans les chaudières lorsqu'elles sont pleines, on reproduit les effets de la presse hydraulique de Pascal, c'est-à-dire qu'on agit sur une petite colonne d'eau, et la pression exercée dans ce mo-

ment se reproduit sur chaque anneau intérieur de la superficie de la chaudière, égal
à la base de cette colonne. C'est le moyen
qu'on emploie pour éprouver les chaudières
avant de les lancer dans le commerce. Cette
épreuve montre que la chaudière à froid
peut résister à cette pression; mais il est très
probable qu'à chaud il en serait autrement.

Pulsation.

Point d'arrivée du piston à chaque extrémité de sa course. Chaque pulsation se compose de deux courses; leur nombre dans une
minute doit être relatif à la puissance et à
l'étendue de la course des pistons.

Purger.

Purger une machine à vapeur, c'est chasser
l'air contenu dans ses différentes capacités
avant de la mettre en fonction. (Voyez
Reniflar.)

Registre.

Plaque de fer qui divise plus ou moins le
tube de la cheminée; il sert à diminuer et
même arrêter tout-à-fait le tirage dans les
cas nécessaires. Ces cas correspondent aux

diverses élévations du flotteur de la chaudière auquel il est attaché.

Réglemens.

Les réglemens de police relatifs aux machines à vapeur ont été insérés à la fin du volume.

Relâchemens.

Le relâchement des boulons et des articulations doit exciter toute l'attention des propriétaires, en ce que leur effet relatif à l'usure est progressif. Les boulons de la chaudière et ceux du cylindre ne doivent se resserrer que lorsque la machine n'est plus en fonction.

Reniflar.

Soupape ou robinet placée sur le tube qui communique du cylindre au condenseur, et qui sert à donner issue à l'air contenu dans les diverses capacités de la machine lorsqu'on la met en fonction.

Rivets.

Petits clous dont on écrase la tête et la queue, pour lier les fonds des chaudières ou les tranches des feuilles de tôle qui en composent les parois. On doit aussi éviter les effets de la pile galvanique, et ne pas en employer d'un métal différent que celui de la chaudière.

Rondelles.

Nom qu'on donne aux anneaux en métal fusible qui supportent des soupapes de sûreté, ou qui sont adaptés aux parois supérieures de la chaudière.

Rouille, oxide.

Cause principale de la détérioration des chaudières; elle se produit à l'intérieur et à l'extérieur des chaudières : à l'intérieur, par l'oxigène résultant de la décomposition de l'eau; à l'extérieur, par l'oxigène de l'air et par le feu du foyer. Nous avons déjà eu l'occasion de dire plusieurs fois que la réunion du fer et du cuivre donnait lieu à la décomposition d'une certaine portion d'eau, et par conséquent à une production d'oxide.

Sédimens.

Les sédimens qui sont le résultat de la distillation, en se mêlant avec les produits de la rouille, formeraient des masses com-

pactes, qui finiraient par adhérer aux chaudières et à en provoquer la brûlure; mais
les pommes de terre qu'on entretient dans
les chaudières prévoient à ces inconvéniens
et facilitent les moyens de nettoyage.

Simple effet.

Les machines à simple effet ne sont presque
plus en usage. Dans la fig. 17 *bis*, on a dessiné la soupape d'introduction d'une machine
semblable.

Soudure.

Dans la fabrication des différentes pièces
qui entrent dans le mécanisme des machines
à vapeur, on est souvent dans le cas d'employer les soudures.

Elles sont de plusieurs espèces : les soudures au cuivre rouge, au laiton, la soudure forte au tiers, la soudure forte au quart,
l'argent, la soudure à l'argent et l'étain,
sont celles dont on se sert le plus souvent
dans les arts. Toutefois la dernière n'est pas
employée, ou ne l'est que très rarement
dans la fabrication des machines à vapeur.
Les autres sont fusibles à divers degrés de
température, et cette propriété devient utile

quand une pièce doit supporter plusieurs
soudures successives. Dans ce cas, pour la
première soudure, et par conséquent pour
le premier coup de feu, on emploie celle qui
n'est pas susceptible de fondre aux coups de
feu suivans.

Voici une table qui indique l'ordre de fusibilité des soudures les unes relativement
aux autres.

Soudures.	Nom des métaux qui peuvent se souder avec elles sans se fondre.
Cuivre rouge.........	Fer.
Cuivre jaune ou laiton.	Fer, cuivre rouge.
Soudure forte au $\frac{1}{3}$....	Fer, cuivre rouge, laiton.
Soudure forte au $\frac{1}{4}$.....	Fer, cuivre rouge, laiton, soudure au $\frac{1}{3}$.
Argent..............	Cuivre rouge, lai-ton, soudures au $\frac{1}{3}$, au $\frac{1}{4}$, or.
Soudure à l'argent....	Cuivre rouge, et toutes les autres, plus l'or et l'ar-gent.
Étain...............	Cuivre, etc.

Le fer se soude aussi avec lui-même à la température de 7220 degrés centigrades.

Plusieurs matières servent avec avantage pour hâter la fusion des soudures et faciliter leur adhérence avec les métaux qu'on doit souder, ensemble. L'ammoniaque sert pour le fer, le borax pour toutes les autres soudures, la résine pour l'étain.

Ce dernier métal, lorsqu'il se trouve en contact avec les autres soudures, jouit de la propriété nuisible de s'opposer à leur fusion et à leur adhérence avec les parties qu'on veut joindre; les vapeurs qui s'élèvent des parcelles de ce métal, répandues dans le foyer, contrarient également leur fusion, et les empêchent de couler à propos.

On facilite la soudure du fer avec lui-même au moyen du sable dont on le saupoudre pendant son incandescence.

Pour supporter la soudure, les métaux veulent être décapés avant de recevoir le feu.

Soufre.

Il entre dans la composition du mastic.

Soufflure.

Défauts du métal fondu, qui sont dus à des parcelles d'eau ou d'air, ou à des corps étrangers contenus dans le métal en fusion ou dans les moules.

Soupapes.

Plusieurs pièces reçoivent le nom de *soupapes*. On connaît les soupapes d'introduction, les soupapes de sûreté : les premières servent à introduire à propos la vapeur dans les cylindres, et à la conduire ensuite au condenseur ; les secondes à soulager la chaudière, en donnant issue à la vapeur lorsqu'elle est trop tendue.

A la cause qui contrarie quelquefois l'élévation des soupapes de sûreté, et que nous avons signalée dans cet ouvrage, on peut en ajouter encore une autre qui résulte de l'adhérence de deux surfaces semblables, et mouillées, appliquées l'une contre l'autre. Cette adhérence, qui nécessite une certaine puissance pour être vaincue, lorsque, comme la vapeur, elle agit perpendiculairement à ces surfaces, peut être évidemment favorisée par le poids qui charge la soupape de sûreté,

ou par des corps gras ou visqueux qui sont
à même de lubrifier les points d'appui. Il
nous paraît que cet accident, qui n'a pas
assez attiré l'attention des mécaniciens, peut
se prévoir facilement, en fabriquant les soupapes de sûreté de manière à céder à la
pression de la vapeur par un frottement à
coulisse, qui, dans ce cas, ne serait pas
frappé des mêmes inconvéniens.

Suspension.

L'entrée de la vapeur dans les cylindres
des machines à haute pression doit être
suspendue à une certaine portion de la
course des pistons, et on profite ensuite de
toute sa puissance expansive pendant le reste
de la course. On atteint ce but en adaptant
une soupape ou robinet au tube qui conduit
la vapeur au cylindre moteur. La clef du
robinet ou la tige de cette soupape est mise
en fonction par un excentrique, ou par tout
autre moyen qui peut produire le même
effet d'une manière réglée, suivant la tension de la vapeur avec laquelle on travaille.

Par cette disposition, quel que soit l'intervalle pendant lequel les soupapes d'introduc-

tion restent débouchées; l'admission de la vapeur sera subordonnée au temps pendant lequel les soupapes ou robinet dont nous venons de parler plus haut resteront ouvertes.

Thermomètres.

Instrumens connus, qui servent à mesurer l'intensité de la chaleur. Voyez, à l'article des chaudières, la description d'un thermomètre *à maxima*, qui peut être utile dans plusieurs cas.

Les Français se servent d'un thermomètre à échelle centésimale; les Anglais du thermomètre dit de *Fahrenheit*. On se sert encore du thermomètre de Réaumur.

Le point de congélation de l'eau distillée pour le thermomètre centigrade est à zéro degré. 100° correspondent au terme de l'ébullition de l'eau. Dans le thermomètre de Réaumur, le point de congélation est également à zéro; mais le terme d'ébullition est à 80°.

Les mêmes points de congélation et d'ébullition correspondent dans l'échelle de Fahrenheit, le premier à 32°, le second à 212.

Relativement au thermomètre centigrade, puisque 100° valent 80° réaumuriens, pour obtenir en degrés centigrades la valeur d'un nombre quelconque de degrés réaumuriens, de 125°, par exemple, on fera cette proportion :

$$80 : 100 :: 125 : x \frac{125 \times 100}{80} = 150°,6.$$

Pour le thermomètre de *Fahrenheit*, entre 32° et 212°, il y a 180°. Ainsi, si on donnait à réduire en degrés centésimaux un nombre de degrés de *Fahrenheit* égal à 125, par exemple, on ferait cette proportion :

$$180° : 100 :: 125 - 32 : x = \frac{(125 - 32) \times 100}{180} = 51°,7.$$

Tirans.

Nom donné aux barres de fer qui traversent les grandes chaudières non cylindriques, et qui servent à solidifier les parois auxquelles elles sont fixées.

Vapeur.

Forme que prend l'eau à certain degré de température ; elle est invisible, élastique, et, de tous les fluides aériformes, c'est celui qui a le plus de capacité pour le calorique.

(Voyez *Absorption, Injection,* etc.) Un kilogramme de vapeur peut produire 138 unités dynamiques.

Il résulte des expériences de M. Perkins, qu'à égale distance le contact d'un jet de vapeur d'eau élevée à une haute tension de 5o atmosphères, par exemple, n'occasionne pas le même effet de brûlure que celui de la vapeur d'eau à la tension ordinaire sous laquelle on l'emploie dans les machines à vapeur d'aujourd'hui.

Ce résultat nous paraît très naturel ; car, en considérant la différence de masse de la vapeur dans chacune de ces deux circonstances, on voit que dans le cas où elle est portée à 5o atmosphères, sa masse est incomparablement moins dense que dans l'autre, et le choc des corps étant relatif à leur masse, là où il n'y a point de masse, il ne saurait y avoir de choc ni vitesse, ni par conséquent de sensation.

Un autre accident non moins remarquable est celui que nous avons observé, relativement à l'effet d'un courant de vapeur dirigé sur un charbon incandescent.

Quand le charbon est placé très près de

l'issue qui donne passage au fluide aqueux, il s'éteint assez promptement, tandis que si on l'écarte d'une certaine quantité, il brûle avec vivacité.

Ainsi donc, s'ils n'ont pas égard à la distance qui sépare le foyer du jet de vapeur, ceux qui comptent employer cette dernière pour attiser le feu, risquent de manquer leur but.

Volant.

Régulateur du mouvement, réservoir de force vive, pièce circulaire, pesante et plus ou moins volumineuse, dont on met à profit la force d'inertie, pour régulariser la puissance motrice. (*Voyez* ce que nous en avons dit.)

ORDONNANCE DU ROI,

DU 29 OCTOBRE 1823,

RELATIVE AUX MACHINES A VAPEUR A HAUTE
PRESSION.

LOUIS, etc.

Sur le rapport de notre ministre secrétaire d'État au département de l'intérieur.

Notre conseil d'État entendu,

Nous avons ordonné et ordonnons ce qui suit :

ARTICLE PREMIER.

Les machines à feu à haute pression, ou celles dans lesquelles la force élastique de la vapeur fait équilibre à plus de deux atmosphères, lors même qu'elles brûleraient complétement leur fumée, ne pourront être établies qu'en vertu d'une autorisation obtenue conformément au décret du 15 novembre 1810, pour les établissemens de deuxième classe.

Elles seront, en outre, soumises aux conditions de sûreté suivantes.

ARTICLE II.

Lors de la demande en autorisation, les chefs d'établissement seront tenus de déclarer à quel degré de pression habituelle leurs machines devront agir.

Ils ne pourront dépasser le degré de pression déclaré par eux.

La pression sera évaluée en unités d'atmosphères, ou en kilogrammes par centimètres carrés de surface, exposés à la pression de la vapeur.

ARTICLE III.

Les chaudières des machines à haute pression ne pourront être mises dans le commerce, ni employées dans un établissement, sans que préalablement leur force ait été soumise à l'épreuve de la presse hydraulique.

Toute chaudière devra subir une pression d'épreuve cinq fois plus forte que celle qu'elle est appelée à supporter dans l'exercice habituel de la machine à laquelle elle est destinée.

Après l'épreuve, et pour en constater le résultat, chaque chaudière sera frappée d'une marque indiquant, en chiffres, le degré de pression pour lequel elle aura été construite.

Les chefs d'établissement ne pourront faire emploi d'une chaudière, qu'autant qu'elle sera marquée d'un chiffre exprimant au moins une force égale au degré de pression annoncé dans leur déclaration.

Il sera adapté deux soupapes de sûreté, une à chaque extrémité de la partie supérieure de chaque chaudière. Leur dimension et leur charge seront égales, et devront être réglées tant sur la grandeur de la chaudière que sur le degré de pression porté sur son numéro de marque, de telle sorte toutefois que le jeu d'une soupape suffise au dégagement de la vapeur, dans le cas où elle acquerrait une trop grande tension.

La première soupape restera à la disposition de l'ouvrier qui dirige le chauffage ou le jeu de la machine.

La seconde soupape devra être hors de son atteinte, et recouverte d'une grille dont la clef restera à la disposition du chef de l'établissement.

ARTICLE V.

Il sera, en outre, adapté à la partie supérieure de chaque chaudière, deux rondelles métalliques, fusibles aux degrés ci-après déterminés.

La première, d'un diamètre au moins égal à celui d'une des soupapes, sera faite en métal, dont l'alliage soit de nature à se fondre, ou à se ramollir suffisamment pour s'ouvrir à un degré de chaleur supérieur de dix degrés centigrades au degré de chaleur, représenté par la marque que doit porter la chaudière.

La seconde, d'un diamètre double de celui ci-dessus, sera placée près de la soupape de sûreté et enfermée sous la même grille. Elle sera faite en métal, dont l'alliage soit de nature à se fondre, ou à se ramollir suffisamment pour s'ouvrir à un degré de chaleur supérieur de vingt degrés centigrades à celui que représente la marque de la chaudière.

Ces rondelles seront timbrées d'une marque annonçant en chiffres le degré de chaleur auquel elles sont fusibles.

ARTICLE VI.

Une chaudière ne pourra être placée que dans un local d'une dimension égale au moins à vingt-sept fois son cube.

Ce local devra être éclairé au moins sur deux de ses côtés par de larges baies de croisées, fermées de châssis légers, et ouvrant par dehors. Il ne pourra être contigu aux murs mitoyens avec les maisons voisines, et devra toujours être séparé, à la distance de deux mètres, par un mur d'un mètre au moins d'épaisseur. Il devra aussi être séparé par un mur de même épaisseur de tout atelier intérieur. Il ne pourra exister d'habitation ni d'atelier au-dessus de ce local.

ARTICLE VII.

Les ingénieurs des mines, dans les déparsemens où ils sont en résidence, et, à leur défaut, les ingénieurs des ponts et chaussées, sont chargés de surveiller les épreuves des chaudières et des rondelles métalliques. Ils les frapperont des marques dont les timbres leur seront remis à cet effet.

Lesdits ingénieurs s'assureront, dans leurs

tournées, au moins une fois par an, que toutes les conditions prescrites soient rigoureusement observées. Ils visiteront les chaudières, constateront leur état, et provoqueront la réforme de celles que le long usage, ou une détérioration accidentelle, leur ferait regarder comme dangereuses.

Les autorités, chargées de la police locale, exerceront une surveillance habituelle sur les établissemens pourvus de machines à haute pression.

En cas de contravention aux dispositions de la présente ordonnance, les chefs d'établissement pourront encourir l'interdiction de leurs établissemens, sans préjudice des peines, dommages et intérêts qui seraient prononcés par les tribunaux.

ARTICLE VIII.

Notre ministre secrétaire d'État au département de l'intérieur, fera publier une instruction sur les mesures de précaution habituelles à observer dans l'emploi des machines à haute pression.

Cette instruction sera affichée dans l'enceinte des ateliers.

ARTICLE IX.

Notre ministre secrétaire d'État au département de l'intérieur est chargé de l'exécution de la présente ordonnance, qui sera insérée au Bulletin des lois.

Donné en notre château des Tuileries, etc.

PREMIÈRE INSTRUCTION.

Mesures de précaution habituelles à observer dans l'emploi des machines à vapeur à haute pression.

L'emploi des machines à vapeur à haute pression exige des précautions de tous les instans de la part des ouvriers chauffeurs auxquels leur service est confié, et une surveillance constante de la part des propriétaires de ces machines. En négligeant les précautions nécessaires, les ouvriers peuvent occasionner des accidens funestes, dont ils seraient les premiers victimes. En se relâchant de la surveillance qui est indispensable, les propriétaires deviendraient la cause indirecte de ces accidens; ils s'exposeraient d'ailleurs à des pertes considérables;

telles que celles qui résulteraient de la destruction des machines, de la dégradation des
ateliers, et de la cessation des travaux.

Il est du devoir de tout propriétaire de ne
confier la conduite de sa machine qu'à un
ouvrier dont l'intelligence et la capacité
soient bien reconnus, et qui soit, non seulement attentif, actif, propre et sobre, mais
encore exempt de tout défaut qui pourrait
nuire à la régularité du service. Rien ne
doit déranger cette régularité ; rien ne doit
troubler ou détourner l'attention de l'ouvrier
pendant le travail, autrement il ne peut y
avoir de sécurité dans l'établissement.

L'attention de l'ouvrier chauffeur, et la
surveillance du propriétaire, doivent porter
principalement sur les parties suivantes de
la machine, savoir : le foyer, la chaudière
et les tubes bouilleurs, la pompe alimentaire, et le niveau de l'eau dans la chaudière, les soupapes de sûreté, le manomètre.
Il y a aussi quelques précautions à prendre
relativement à l'enceinte extérieure.

Du Foyer.

Le principe d'après lequel on doit diriger le chauffage, est d'éviter une augmentation de chaleur trop brusque, ou un refroidissement trop rapide. Dans l'un et l'autre cas, les tubes bouilleurs éprouvent partiellement des inégalités de température plus ou moins considérables, et qui, à raison de la variété des dilatations produites, peuvent occasionner des fêlures et des pertes.

Ainsi donc, la mise au feu ne doit pas être poussée avec trop de vivacité, surtout lorsque le foyer a été tout-à-fait refroidi. On ne gagnerait du temps qu'en compromettant la conservation des tubes bouilleurs.

Lorsque le feu est arrivé au point d'activité nécessaire pour le jeu de la machine, on doit le conduire avec égalité, et, à cet effet, tiser à propos, et ne jeter que les quantités de combustible déterminées par l'expérience. Il faut éviter de laisser tomber le feu pendant le travail, et, lorsque cela est arrivé, il n'est point convenable de projeter à la fois une trop grande quantité de combustible dans le foyer; car cette précipita-

tion, qui aurait l'inconvénient de le refroidir momentanément, occasionnerait ensuite
un développement de chaleur excessif et
dangereux.

Il est à propos d'exécuter, dans le moins
de temps possible, les opérations du tisage
et du combustible, afin d'abréger l'action
destructive que l'air froid peut exercer sur
les tubes bouilleurs, en s'introduisant avec
rapidité par l'ouverture de la porte du foyer.

On est dispensé de la plupart de ces précautions, lorsque le foyer est muni d'un
distributeur mécanique versant la houille au
feu, et à mesure qu'elle est nécessaire (*voyez*
page 35); mais alors l'ouvrier doit veiller à
ce que ce distributeur ne manque pas d'aliment, et à ce que le versement soit uniforme
et continu.

L'extinction du feu, lorsqu'elle n'est point
conduite avec soin, est une des causes les plus
ordinaires d'accidens qui arrivent aux tubes
bouilleurs. Le meilleur mode est de laisser
le foyer chargé du résidu de la combustion,
de fermer le registre de la cheminée, ainsi que
la porte du cendrier, et de luter avec un peu
de terre grasse les joints de cette porte et ceux

de la porte du foyer. En procédant ainsi, on évite non seulement que ce résidu ne refroidisse trop brusquement les tubes, mais encore qu'il ne contribue à oxider trop promptement leur surface extérieure. On profite, de plus, d'une partie du résidu de la combustion, car ce résidu finit par s'éteindre à raison du défaut d'air, et l'on peut ensuite le retirer sans inconvénient.

Des tubes bouilleurs et de la chaudière.

Quelque pure que paraisse l'eau qu'on emploie, elle dépose toujours un sédiment terreux qu'il importe de ne pas laisser accumuler ; en effet, ce sédiment se durcirait et s'épaissirait en peu de temps ; il augmenterait la difficulté de faire pénétrer dans les tubes bouilleurs, et dans la chaudière, la chaleur qui est nécessaire pour produire la vapeur avec le degré de tension convenable ; il faudrait faire un peu plus de feu, il en résulterait, par conséquent, plus de dépense de combustible, et plus de chances d'altération et de rupture.

L'expérience a démontré qu'en introduisant dans les tubes bouilleurs et dans la chaudière une certaine quantité de pommes de terre, la substance de ces pommes de terre se mêle avec les sédimens terreux, sous forme de bouillie, et en prévient l'endurcissement; mais à mesure que les sédimens augmentent, cette bouillie nuit à la production de la vapeur, soit par sa viscosité, soit par l'espace qu'elle occupe. Il vient un terme où l'enlèvement des dépôts devient indispensable : ce terme arrive plus ou moins fréquemment suivant la nature des eaux. C'est au propriétaire de chaque machine à chercher, par l'expérience, la période de temps la plus convenable pour le nettoyage, comme aussi de trouver le minimum de pommes de terre qui doit être employé. Ces recherches ne tiennent pas seulement aux soins de sûreté, mais encore à des considérations d'économie relativement à la facile production de la vapeur.

Lorsque, malgré toutes les précautions, un tube bouilleur vient à se fendre, l'ouvrier doit en avertir le propriétaire, et celui-ci ne doit pas hésiter à faire procéder au remplacement. Le rhabillage du tube ne ferait que masquer l'inconvénient, et le danger d'une rupture pourrait l'accroître en très peu de temps.

Le propriétaire et l'ouvrier doivent observer avec attention les progrès de la détérioration superficielle que les tubes bouilleurs éprouvent à la longue, ceux surtout qui sont fabriqués en tôle. Ils ne doivent pas attendre la visite de l'ingénieur pour provoquer de nouvelles épreuves de ces tubes, lorsque leur amincissement peut donner des doutes sur leur solidité.

Il en est de même des chaudières; mais comme les moyens d'observation sont moins multipliés, l'ouvrier et le propriétaire doivent saisir toutes les occasions de constater l'état des choses, soit lorsqu'il faut changer un ou plusieurs tubes bouilleurs, soit lorsqu'il y a des réparations à faire au foyer ou à la chemise de la chaudière, soit enfin toutes les fois qu'il est nécessaire de vider la chaudière pour la nettoyer; mais, en outre, aucune des indications que les moindres suintemens peuvent donner ne doit être négligée.

Lorsqu'on s'aperçoit d'une fuite à la jointure du plateau qui ferme un tube bouilleur,

ou à celui qui recouvre l'entrée de la chaudière, on ne doit point essayer d'y pourvoir
pendant le travail en serrant les écrous, on
courrait le risque d'occasionner la rupture
de ces plateaux, surtout lorsque le mastic,
qui garnit les bordures, a eu le temps de
s'endurcir ; en cas de rupture, l'ouvrier
serait tué par les éclats, ou brûlé par l'eau
de la vapeur. Ces sortes de fuites ne doivent
être réparées que lorsque le travail a cessé.

Lorsque les tubes bouilleurs et la chaudière sont à nettoyer, les propriétaires ne
doivent pas exiger que les ouvriers entre-
prennent de vider l'eau avant que la température ne soit suffisamment abaissée, surtout
pour les machines dans lesquelles les plateaux des tubes bouilleurs ne sont point
garnis de robinets.

De la pompe alimentaire et du niveau de l'eau dans la chaudière.

Il est de la plus grande importance que
l'eau de la chaudière soit maintenue au niveau qui est indiqué par la position horizon-
tale du levier mu par le flotteur. Il ne faut
pas que l'ouvrier s'en rapporte à la simple

inspection du levier pour connaître la hauteur de l'eau dans la chaudière ; il doit s'assurer très souvent que les mouvemens du flotteur sont parfaitement libres. Il doit veiller surtout à ce que la garniture qui empêche la vapeur de s'échapper le long de la tige du flotteur ne serre pas trop cette tige ; car, si cela arrivait, les indications données par le flotteur cesseraient d'être exactes.

Ces dernières précautions sont également nécessaires pour les machines dans lesquelles les mouvemens d'abaissement du flotteur font ouvrir le tuyau nourricier, et portent ainsi le remède convenable à la diminution de l'eau dans la chaudière.

La surveillance de la pompe alimentaire n'est pas moins indispensable. Si , par suite de négligence, la hauteur de l'eau avait très notablement diminué dans la chaudière, il faudrait, aussitôt qu'on s'en apercevrait, rétablir ou augmenter peu à peu le jet nourricier, car autrement on s'exposerait à des accidens. En effet, l'eau, en s'élevant rapidement contre les parois de la chaudière, que la chaleur aurait rougies , fournirait instantanément une trop grande quantité de vapeur, et il serait possible que l'accroissement de pression qui en résulterait fût supérieur à la pression que la chaudière est capable de supporter. Le danger de l'explosion serait imminent si, dans une telle circonstance, les soupapes de sûreté n'étaient point en état de jouer librement, ou si, par suite d'une pratique imprudente et coupable, elles se trouvaient surchargées de poids.

En général, le moindre inconvénient que le manque d'eau dans les chaudières puisse produire, c'est d'y occasionner des ruptures très préjudiciables, quand même il n'y aurait pas d'explosion.

Des Soupapes de sûreté.

Dans les machines dont les soupapes de sûreté sont à la disposition de l'ouvrier chauffeur, il est utile que cet ouvrier s'applique à en étudier le jeu, et à bien connaître le degré d'adhérence qu'elles contractent ordinairement avec le collet sur lequel elles pressent, surtout lorsqu'elles ont été rodées récemment. Il faudrait avoir égard à cette adhérence, lors même que la soupape serait construite de telle manière que le plan de contact serait réduit à une zône circulaire très étroite. Le chauffeur doit s'assurer très fréquemment que les soupapes jouissent de toute la liberté de mouvement dont elles ont besoin pour remplir leur destination. A cet effet, il est bon qu'il soulève de temps en temps l'extrémité de la branche du levier qui supporte le poids servant de charge habituelle, afin de s'assurer que la soupape n'a pas contracté une trop forte adhérence. Lorsque les soupapes d'une machine ne jouent pas librement, et lorsqu'en même temps on vient à leur donner le maximum de charge habituelle, elles ne peuvent remplir leur objet qu'imparfaitement; elles retiennent la vapeur, alors qu'elles devraient lui donner issue ; la vapeur s'accumule et se comprime, et pourrait, suivant les circonstances, acquérir une force de tension qui surpasserait la résistance que la chaudière est capable d'opposer, et qui la ferait éclater.

Ce funeste effet pourrait encore être produit, si, dans l'intention de donner plus d'activité à la machine, on avait ajouté des poids à ceux qui composent le maximum de la charge habituelle des soupapes. De telles surcharges sont extrêmement dangereuses; l'ignorance du danger pourrait seule excuser les propriétaires de les ordonner, et l'ouvrier chauffeur de s'y prêter. Il faut que les ouvriers sachent bien que les principaux effets d'une explosion serait d'épancher une immense quantité de vapeur brûlante, qui lui causerait une mort cruelle.

De tels dangers seront beaucoup moins à craindre dans les machines qui seront établies en vertu de l'ordonnance royale du 29 octobre 1823; mais les soupapes n'en devront pas moins être surveillées et entretenues dans un état de liberté parfaite. En effet, pour peu que le jeu devînt moins facile, il arriverait qu'à la moindre augmentation dans l'activité du feu, la vapeur, au lieu de s'échapper, acquerrait plus de chaleur et plus de tension, il y aurait un terme où elle fondrait et romprait les rondelles de métal fusible, qui devront être appliquées à chaque chaudière; le travail de l'atelier serait interrompu, et le propriétaire encourrait les inconvéniens des retards résultant de la pose de nouvelles rondelles. Le propriétaire est particulièrement intéressé à visiter journellement la soupape, qui sera renfermée sous le grillage en fer, dont la clef devra rester à sa disposition.

En général, les soupapes ont besoin d'être rodées très fréquemment, autrement elles finissent par laisser perdre la vapeur. Ce soin d'entretien n'admet pas de négligence, car l'ouvrier ne pourrait y suppléer qu'en augmentant la charge habituelle ; or, les propriétaires ne sauraient proscrire les surcharges avec trop de rigueur.

Lorsqu'on veut cesser tout-à-fait le feu, ou lorsqu'on le couvre seulement pour en retrouver le lendemain, il ne faut pas quitter l'atelier sans s'être assuré que les soupapes, convenablement déchargées, peuvent donner librement issue à la vapeur qui continue à se produire.

Du Manomètre.

Le manomètre, à raison de sa communication avec l'intérieur de la chaudière, indique, à chaque instant, la marche plus ou moins rapide de la production de la vapeur et le degré de la force de pression qui en résulte. Cette indication est donnée par le mouvement de la colonne de mercure renfermée dans le tube de verre ; elle se mesure au moyen de l'échelle qui est placée le long du tube.

Cet instrument est d'une grande utilité lorsqu'il a été construit avec soin et gradué avec exactitude. Comme il est fragile, les propriétaires de machines doivent prendre les mesures nécessaires pour le préserver de tout accident, et le faire couvrir d'un grillage en fil de fer ou en fil de laiton.

Le propriétaire doit aussi donner ses soins pour que l'ouvrier comprenne la destination et les avantages de l'instrument, et sache à propos tirer parti de ses indications.

Enfin, il est du devoir de l'ouvrier de consulter très souvent le manomètre, et de le prendre constamment pour guide, dans la conduite du feu, quelle que soit d'ailleurs la charge, ou, en d'autres termes, la pression avec laquelle la machine travaille, suivant les besoins de l'atelier.

De l'enceinte de la machine.

En supposant qu'une explosion pût arriver, c'est un moyen de la rendre moins dommageable que de tenir le local de la machine complétement isolé, et de ne placer les matériaux qu'on serait forcé d'emmagasiner dans son voisinage qu'à la distance de plusieurs mètres. Le propriétaire se mettrait en contravention avec l'art. vi de l'Ordonnance royale du 29 octobre 1823, s'il venait à remplir avec des matériaux résistans l'espace qu'il faut laisser du côté des habitations, entre les murs mitoyens et les murs de défense qui doivent enceindre le local de la machine. Ces murs de défense ne peuvent remplir l'objet que l'ordonnance royale a eu en vue qu'autant qu'ils confinent au-dehors avec un espace vide.

Enfin il est indispensable que le local de la machine puisse être bien fermé, et qu'en l'absence du chauffeur personne ne puisse s'y introduire. On conçoit, par exemple, que si par malveillance on venait à surcharger les soupapes ou les bander avec des cales, lorsque le feu a été arrêté ou couvert, l'accumulation de la vapeur pourrait occasionner un accident. Les précautions habituelles que ce cas particulier peut exiger, sont tout aussi importantes que celles qui concernent les différens cas qui ont été précédemment exposés. La prévoyance des propriétaires des machines et la vigilance des ouvriers chauffeurs ne doivent être en défaut dans aucun temps, dans aucune circonstance.

SECONDE INSTRUCTION,

Relative à l'exécution de l'Ordonnance royale du 29 octobre 1823, sur les machines à vapeur ou sur celles dans lesquelles la force élastique de la vapeur fait équilibre à plus de deux atmosphères, lors même qu'elles brûleraient complétement leur fumée.

L'ordonnance royale du 23 octobre 1823 a statué qu'à l'avenir aucune chaudière de machine à vapeur, à haute pression, ne pourrait être mise dans le commerce, et, à plus forte raison, employée qu'autant qu'elle serait munie de deux soupapes et de deux rondelles en métal fusible, et qu'après avoir

été éprouvée à l'aide d'une presse hydraulique, et timbrée après l'épreuve.

Le fabricant de chaudières et de machines
à haute pression, qui aura des chaudières à
faire vérifier, éprouver et timbrer, adressera
une demande au préfet, qui la transmettra
immédiatement à l'ingénieur des mines, s'il
réside dans le département, et, dans le cas
contraire, à l'ingénieur des ponts et chaussées, qui doit le suppléer. (Article VII de l'Ordonnance du 23 octobre 1823.)

Le préfet veillera à ce que les opérations
se fassent dans le plus court délai possible,
afin qu'il n'en puisse résulter aucun inconvénient pour les besoins du commerce et de
l'industrie.

L'ingénieur vérifiera d'abord si les dimensions des deux soupapes sont telles que le jeu
de l'une d'elles puisse suffire au dégagement
de la vapeur, dans le cas où la vapeur acquerrait une trop grande tension.

Il vérifiera de même si les orifices dans
lesquels les deux rondelles de métal fusible
devront être encastrées ont les diamètres
convenables, savoir :

Pour la première, un diamètre égal au

moins à celui de l'une des deux soupapes;

Pour la seconde, un diamètre double.

Il reconnaîtra en même temps si la position de ces orifices est telle que les rondelles puissent remplir leur destination.

L'épreuve de la chaudière n'aura lieu qu'après l'ajustement des deux rondelles. Cet ajustement sera précédé des opérations suivantes :

L'ingénieur déterminera, d'après la table ci-jointe (table 2), le degré de fusibilité du métal dont chaque rondelle devra être faite. Il vérifiera ensuite si le métal dont on se propose de fabriquer chaque rondelle est doué de la fusibilité requise. Cette vérification pourra avoir lieu de deux manières :

1°. Si le métal a été préparé par le fabricant de chaudières ou de machines, l'ingénieur procédera à l'essai des deux espèces de lingots qui devront fournir la matière des rondelles, en employant le mécanisme dont le fabricant fait lui-même usage, mais après en avoir vérifié l'exactitude;

2°. Si le fabricant de chaudières ou de machines veut employer du métal fusible acheté dans le commerce, l'ingénieur n'aura

qu'à constater si les deux lingots portent le
timbre légal annonçant le degré de leur
fusibilité, c'est-à-dire si chacun d'eux est
marqué du timbre qui a dû y être apposé
par l'ingénieur des mines, commis pour faire
ces sortes d'essais dans la manufacture même
du métal fusible : ce timbre sera le même
que celui dont il est parlé dans le paragraphe
ci-dessus.

L'ingénieur, ayant acquis la certitude que
les lingots sont composés, l'un de métal fondant à 10 degrés centigrades au-dessus de
la température que la vapeur aura habituellement dans la chaudière, et l'autre de métal
fondant à 20 degrés centigrades au-dessus de
la même température, fera couler, en sa
présence, les deux rondelles, et il apposera
à chacune d'elles un timbre octogone, portant la légende *ponts et chaussées et mines*,
au milieu de l'empreinte duquel il fera immédiatement graver, sous ses yeux, le degré
de fusibilité des rondelles.

Les rondelles seront ensuite ajustées à la
chaudière.

Dans le cas où le fabricant de machines
se serait procuré des rondelles toutes faites,

et qui auraient été déjà essayées dans le lieu de leur fabrication, l'ingénieur n'aura d'autre soin à prendre que de vérifier les timbres indiquant les températures, avant que les rondelles soient ajustées à la chaudière.

En général, dans la vérification du degré de fusibilité du métal fusible, il faudra que l'ingénieur fasse attention qu'il ne s'agit pas de constater le degré où le métal devient parfaitement fluide, mais celui auquel le métal se ramollit assez pour céder à la pression de la vapeur. Cette distinction est importante, car les plaques de métal fusible sont susceptibles de perdre leur ténacité un peu avant d'arriver à la température qui détermine leur fusion parfaite. Le timbre doit, par conséquent, exprimer, non pas le degré de fusion parfaite, mais celui qui ramollit le métal d'une quantité suffisante pour rendre la plaque susceptible de s'ouvrir par la pression qu'elle éprouve sous cette température.

La chaudière, étant munie de ses tubes bouilleurs, de ses rondelles et de ses soupapes convenablement surchargées de poids, sera remplie d'eau, et on l'éprouvera à l'aide d'une presse hydraulique, ou pompe de pression, qui sera fournie par le fabricant, avec la main-d'œuvre nécessaire à son emploi.

La pression exercée devra être cinq fois plus forte que celle que la chaudière est destinée à supporter dans l'exercice habituel de la machine dont elle fait partie ; c'est-à-dire, par exemple, que si la chaudière est destinée à travailler à 2 atmosphères, la pression d'épreuve sera portée à 10 atmosphères.

Lorsque la chaudière aura résisté à cette épreuve, l'ingénieur y fera apposer, en sa présence, le timbre qui indiquera la pression à laquelle la machine devra habituellement travailler, exprimée en atmosphères.

Ce timbre consiste, 1°. en une plaque de cuivre frappée à la Monnaie de Paris, portant en légende *Ordonnance du 29 octobre 1823*, et sur laquelle le nombre d'atmosphères et de demi-atmosphères sera marqué ; 2°. en trois vis de métal, destinées à assujettir la plaque sur le même corps de la chaudière au moyen de trous taraudés. Lorsque les vis auront été complétement enfoncées, l'ingénieur fera raser la tête de chaque vis à fleur de la plaque, de manière à faire disparaître la fente de cette tête. Il formera ensuite une empreinte sur la tête de chaque vis, à l'aide d'un poinçon à fleur de lis, ayant un diamètre plus grand que celui de cette tête ; la plaque et les vis en cuivre seront fournies par le fabricant.

Au moyen des dispositions qui précèdent, toutes les chaudières des machines à haute pression seront essayées au lieu même de leur fabrication, ce qui concentrera les épreuves dans un petit nombre de départemens.

S'il n'existe point de fabrique de chaudières dans le département, les opérations de l'ingénieur, à l'égard des chaudières qu'on y introduira pour le service, soit des machines à haute pression déjà permissionnées, soit de machines nouvelles et à permissionner, consisteront à vérifier les deux espèces de timbre que ces chaudières devront porter. Ces vérifications se feront aisément au moyen de clichés.

Un exemplaire de ces clichés est déposé aux archives de la préfecture, un autre au bureau de l'ingénieur des mines, ou, à son défaut, au bureau de l'ingénieur des ponts et chaussées.

NOTES

CONCERNANT LE SYSTÈME DE WOOLF.

Voici ce que M. Marestier dit au sujet de la machine de Woolf : « Les machines d'Oliver Evans me paraissent plus simples que celles de M. Woolf. Les unes et les autres sont à haute pression; mais celles de M. Evans occupent moins de place, sont plus légères, et n'ont à vaincre que le frottement d'un seul piston. Elles sont aussi d'une construction plus facile et moins dispendieuse : je n'oserai cependant pas prononcer qu'elles sont préférables; il est certain que celles de Woolf sont plus propres à produire un mouvement uniforme, et quoique la seconde enveloppe, après avoir réduit la vapeur à une couche très mince, ait l'inconvénient de la mettre en contact avec une surface froide d'une plus grande étendue que si cette enveloppe était supprimée; et que de plus la vapeur qui entoure le grand cylindre ne puisse, sans se condenser en partie, maintenir à une température élevée celle qui se dilate dans l'intérieur du cylindre, il suffit, pour que l'avantage reste à cette dernière machine, que la perte de force résultant de la condensation de la vapeur soit moindre que l'augmentation de force due à la conservation de la température dans le grand cylindre. »

M. Marestier ajoute : « La propriété que M. Woolf annonce avoir reconnue à la vapeur formée sous une tension égale à celle de l'atmosphère, augmentée de deux, trois, quatre, etc., quinzièmes, d'être susceptible, quand on réduit la pression à celle de l'atmosphère, d'occuper un espace double, triple, quadruple, etc., de son volume primitif, est tellement en opposition avec les faits qu'on regarde comme les mieux constatés jusqu'ici, qu'il est indispensable qu'elle soit confirmée par de nouvelles expériences avant d'en faire la base d'aucune théorie ou le principe d'aucune machine. Il est même reconnu dès aujourd'hui que dans les machines de M. Woolf la température et la pression sont grandement supérieures à ce qu'elles devraient être d'après ce principe. »

Voici maintenant une note du traducteur de l'ouvrage d'Oliver Evans, M. Doolittle.

« Mais M. Woolf a trouvé que la vapeur de l'eau, dont la force expansive est capable de soulever la soupape de sûreté chargée d'un nombre N de livres, par pouce carré, en sus de la pression atmosphérique, peut se répandre dans un espace N fois aussi considérable que son volume actuel, en conservant, après sa dilatation, une force expansive égale à la pression de l'atmosphère, si toutefois la capacité qui reçoit la vapeur est maintenue à la même température qu'avait la vapeur avant sa dilatation.

« Cette découverte est de la plus haute importance dans l'application de la vapeur, comme force motrice, et ne me paraît pas avoir excité toute l'attention qu'elle mérite de la part de ceux qui s'occupent de ce genre de construction. Son savant et ingénieux auteur même ne me semble pas en avoir tiré tout le parti dont elle est susceptible.

« En effet, la machine de Woolf, connue

en France sous le nom d'Edwards, se compose de deux cylindres à pistons, un petit et un grand ; la vapeur ayant une force expansive assez considérable, après avoir fait faire une course au petit piston, passe dans le grand cylindre, où, en se dilatant pour en remplir toute la capacité, elle agit sur le grand piston d'après le principe de la presse de Pascal ; c'est-à-dire que la force qu'elle déploie à faire marcher le grand piston, est, à la résistance qu'elle fait éprouver au petit, en raison directe de leurs surfaces respectives.

« Afin de maintenir la température intérieure des cylindres toujours au même degré, il emploie une enveloppe ou chemise en fonte qui recouvre les deux cylindres, et la vapeur arrivant de la chaudière est reçue d'abord dans l'intervalle qui les sépare ; c'est de cette enveloppe que la vapeur est admise par le régulateur dans le petit cylindre ; de cette manière, il est sûr que la température de l'intérieur des cylindres sera toujours, à peu de chose près, la même que celle de l'enveloppe, puisque la chaleur, qui devient latente par l'effet de la dilatation de la vapeur dans le grand cylindre, est remplacée par une égale quantité de calorique sensible, tiré de la vapeur que contient l'enveloppe; mais ce remplacement de calorique n'a lieu qu'aux dépens de celui qui est contenu dans la chaudière; et nous avons vu qu'il est très important de tirer de la chaudière la moindre quantité possible de calorique. (1)

« Sans avoir la prétention de décider péremptoirement des mérites d'une machine quelconque et des avantages qu'elle peut offrir comparativement avec d'autres machines de même genre, il est permis, je pense, de préférer tel système à tel autre, et d'expliquer les raisons de cette préférence; car, après tout, c'est à l'expérience à prononcer en dernier ressort, et heureusement l'opinion d'aucun homme ne saurait prévaloir contre ses arrêts. (2)

---

(1) Nous pensons que les preuves que nous avons données, dans cet ouvrage, de la supériorité du système de Woolf, et les expériences de M. Lean, sont suffisantes pour démontrer jusqu'à l'évidence toute sa valeur.

(2) L'auteur de cette note ne fait pas mention

« Je dirai donc que l'idée de Woolf, d'employer deux cylindres de la manière expliquée plus haut, ne me paraît pas très heureuse, parce qu'elle tend à compliquer beaucoup, et, à mon avis, très inutilement, la machine; or, en mécanique, toute complication de mécanisme inutile est un vice (1). Le système d'Evans, de faire entrer et dilater la vapeur dans un même cylindre, paraît préférable, puisque, par ce moyen, on obtient les mêmes avantages de la dilatation (peut-être de plus grands encore), tandis que la machine jouit d'une extrême simplicité, et doit être, par conséquent, moins dispendieuse à établir et moins sujette à réparation. (2)

---

ici du second fourneau ni de l'interruption dans les communications des capacités, qui sont évidemment les causes les plus rationnelles de la supériorité du système.

(1) Toute complication de mécanisme qui tend à amoindrir les dépenses, et qui, comme celle de Woolf, produit de bons résultats, cesse d'être défectueuse et peut être adoptée.

(2) Ce que l'auteur avance ici, et une grande

« Nous avons vu que dans la machine d'Edwards, la vapeur, dilatée dans le grand
cylindre, ne pouvait acquérir de force qu'aux
dépens de celle de la vapeur contenue
dans la chemise ou enveloppe, laquelle doit
être employée à faire mouvoir la machine ;
or, cette vapeur ne peut céder de son calorique sans s'affaiblir, de sorte que les avantages que l'on retire de l'augmentation de
la force de cette portion de vapeur, qui sert
maintenant, sont comprises, du moins en
partie, par l'affaiblissement de la vapeur,
qui est destinée à servir plus tard.

« Je pense que l'on pourrait remédier à cet
inconvénient en remplissant l'intervalle qui
sépare l'enveloppe d'avec le cylindre, d'une
huile animale qui ne se réduirait en vapeur
qu'à une température bien au-dessus de celle
où l'on emploie la vapeur, et qui maintien-
drait la température intérieure du cylindre
au degré convenable.

---

partie de ce qu'on vient de lire, fait voir qu'il n'a
pas bien conçu comment le mécanisme de Woolf
présentait des avantages pour profiter de la
grande vertu expansive qu'il donne à la vapeur.

« Cette idée n'est pas neuve : M. Woolf lui-même l'a proposée, et en a pris un brevet en Angleterre, il y a plusieurs années ; mais il paraît que tout l'avantage qu'il s'en promettait, était celui de ne pas être obligé d'introduire, dans l'enveloppe de ses cylindres, de la vapeur d'une grande force expansive, et d'éviter par là les dangers de l'explosion. M. Woolf a proposé de chauffer cette huile (ou une substance métallique très fusible qu'il se proposait de substituer dans certains cas) par un feu séparé d'avec le foyer principal. Mais il serait peut-être plus avantageux d'adapter à l'extrémité inférieure de l'enveloppe un tuyau qui, après avoir passé dans le fourneau de la chaudière, serait recourbé, et viendrait rejoindre la partie supérieure de l'enveloppe. De cette manière, l'enveloppe et le tuyau étant remplis d'huile, et le feu étant allumé, il s'établirait un courant dans l'intérieur du tube ; l'huile contenue dans cette portion du tube, qui se trouverait exposé à l'action du feu, deviendrait, par la dilatation, spécifiquement plus légère, et remonterait par la branche supérieure du tuyau, tandis qu'elle serait remplacée par une nouvelle quantité arrivant de la partie inférieure de l'enveloppe : cet effet continuerait d'avoir lieu tant que le jeu serait entretenu, et que l'huile resterait en cet état liquide, et cela, sans diminuer sensiblement la quantité de calorique qui s'introduirait dans la chaudière. Si l'huile se décomposait par l'action prolongée de la chaleur, il faudrait se ménager les moyens de la renouveler avant qu'elle devînt trop visqueuse.

« Il serait nécessaire d'entourer ce second cylindre d'un corps non conducteur du calorique; un des meilleurs moyens serait peut-être de l'enfermer dans un troisième cylindre de tôle (1), laissant entre les deux cylindres extérieurs une couche d'air assez épaisse; et enfin, d'empêcher qu'il ne s'établît un courant d'air, de fermer hermétiquement le cylindre extérieur, excepté une très petite ouverture à sa partie supérieure, pour laisser échapper l'air raréfié, et prévenir ainsi tout danger de voir crever le cylindre.

(1) Ce qu'on propose ici ne s'accorde pas beaucoup avec les vices qu'on craignait plus haut, c'est-à-dire la complication de mécanisme.

« J'ignore si M. Woolf a réellement employé ce moyen : il est certain que M. Edwards continue à se servir de la vapeur pour entourer ces cylindres et en entretenir la température : je pense cependant qu'un appareil semblable à celui que je viens de décrire, adapté à la machine d'Oliver Évans, serait un perfectionnement extrêmement important ; par ce moyen (et s'il n'y a pas d'erreur dans l'observation ni dans l'énoncé de la loi de Woolf, sur la force élastique de la vapeur, dilatée dans un milieu dont la température est égale à celle de la capacité qu'elle occupait avant la dilatation) la machine d'Oliver Évans rendrait, à très peu de chose près, autant d'effet par chaque coup de piston, en n'admettant la vapeur dans le cylindre que pendant un tiers et même un quart de la course, que si elle était admise pendant la course entière, ce qui donnerait trois ou quatre fois autant d'effet pour la même quantité de vapeur.

J'avoue que cette loi paraît extraordinaire, et mériterait bien que les physiciens s'occupassent de la vérifier par de nombreuses expériences, pour la confirmer si on la trouve exacte. C'est une des questions les plus importantes qu'on puisse faire sur cette machine, à laquelle l'Angleterre est redevable d'une si grande portion de sa richesse nationale, machine qui, en Amérique, a rapproché tant de contrées, autrefois presque perdues les unes pour les autres, à cause de leur grand éloignement, et de fleuves rapides qui les séparent ; machine qui, nous devons l'espérer, est destinée à rendre encore d'importans services à la société entière. »

On voit, par ce qu'on vient de lire, que M. Doolittle, malgré la défaveur qu'il attache au système de Woolf, laisse pénétrer une espèce de conviction sur sa supériorité. Nous pensons comme lui sous ce dernier rapport, et, nous avons déjà eu occasion de le dire, on atteindra la perfection des machines à vapeur lorsqu'on connaîtra les règles précises qui régissent la vapeur d'eau dans les conditions que nous avons examinées ; nous pensons aussi que les systèmes réunis d'Évans et de Woolf, mais appliqués d'une manière différente que celle qu'indique l'auteur de la note , seront les moyens les plus propres par lesquels on pourra profiter des qualités nouvelles que l'on doit déjà soupçonner à la vapeur d'eau.

Force élastique de la vapeur d'eau, évaluée en milli-mètres pour chaque degré du thermomètre centigrade.

DEGRÉS.	TENSION de la VAPEUR.	DEGRÉS.	TENSION de la VAPEUR.	DEGRÉS.	TENSION de la VAPEUR.
— 20	1,133	7	7,871	34	38,254
19	1,429	8	8,375	35	40,404
18	1,531	9	8,909	36	42,743
17	1,638	10	9,475	37	45,038
16	1,755	11	10,074	38	47,579
15	1,879	12	10,707	39	50,147
14	2,011	13	11,378	40	52,998
13	2,152	14	12,087	41	55,772
12	2,302	15	12,837	42	58,792
11	2,461	16	13,630	43	61,958
10	2,631	17	14,468	44	65,627
9	2,812	18	15,353	45	68,751
8	3,005	19	16,288	46	72,393
7	3,210	20	17,314	47	76,205
6	3,428	21	18,317	48	80,195
5	3,660	22	19,417	49	84,370
4	3,907	23	20,577	50	88,742
3	4,170	24	21,805	51	93,301
2	4,448	25	23,090	52	98,075
1	4,745	26	24,452	53	103,16
0	5,059	27	25,881	54	108,27
+ 1	5,393	28	27,390	55	113,71
2	5,748	29	29,045	56	119,39
3	6,123	30	30,643	57	125,31
4	6,523	31	32,410	58	131,50
5	6,947	32	34,261	59	137,94
6	7,396	33	36,188	60	144,66

Suite de la force élastique de la vapeur d'eau, etc.

DEGRÉS.	TENSION de la VAPEUR.	DEGRÉS.	TENSION de la VAPEUR.	DEGRÉS.	TENSION de la VAPEUR.
61	151,70	85	431,71	109	1032,04
62	158,96	86	449,26	110	1066,06
63	166,56	87	467,38	111	1100,87
64	174,47	88	486,09	112	1136,43
65	182,71	89	505,38	113	1171,78
66	191,27	90	525,28	114	1209,90
67	200,18	91	545,80	115	1247,81
68	209,44	92	566,95	116	1286,51
69	219,06	93	588,74	117	1325,98
70	229,07	94	611,18	118	1366,22
71	239,45	95	634,27	119	1407,24
72	250,23	96	658,05	120	1448,83
73	261,43	97	682,59	121	1491,58
74	277,03	98	707,63	122	1534,89
75	285,07	99	733,46	123	1578,96
76	297,57	100	760,00	124	1623,67
77	310,49	101	787,27	125	1669,31
78	323,89	102	815,26	126	1715,58
79	337,76	103	843,98	127	1762,56
80	352,08	104	873,44	128	1810,25
81	367,00	105	903,64	129	1858,63
82	382,38	106	934,81	130	1907,67
83	398,28	107	966,31		
84	414,73	108	994,79		

Table des forces élastiques de la vapeur d'eau
à différentes températures.

ÉLASTICITÉ de la vapeur, en prenant la pression de l'atmosphère pour unité.	HAUTEUR de la colonne de mercure qui mesure l'élasticité de la vapeur.	TEMPÉRATURE correspondante sur le thermomètre centigrade.	PRESSION exercée par la vapeur sur un centimètre carre de surface.
Atmosphères.	Mètres.	Degrés.	Kilogrammes.
1	0,76	100	1,063
1 $\frac{1}{2}$	1,14	112,2	1,549
2	1,52	122	2,066
2 $\frac{1}{2}$	1,90	129	2,582
3	2,28	135	3,099
3 $\frac{1}{2}$	2,66	140,7	3,615
4	3,04	145,2	4,132
4 $\frac{1}{2}$	3,42	150	4,648
5	3,80	154	5,165
5 $\frac{1}{2}$	4,18	158	5,681
6	4,56	161,5	6,198
6 $\frac{1}{2}$	4,94	164,7	6,714
7	5,32	168	7,231
7 $\frac{1}{2}$	5,70	170,7	7,747
8	6,08	173	8,264

Table de M. Woolf.

FORCE de la vapeur, en sus de la pression atmosphérique.	TEMPÉRATURE correspondante.	QUANTITÉ en volume dont la vapeur d'eau peut se dilater en conservant après une force égale à celle de l'atmosphère.
Par pouces carrés de surface.	Thermomètre centigrade.	
5	108,5	5
6	110,14	6
7	111,52	7
8	112,91	8
9	114.17	9
10	115,40	10
15	121,39	15
20	126,39	20
30	133,89	30
40	138,89	40
50	143,00	50

Table de chaleur des métaux et de quelques autres substances dans diverses circonstances.

	Thermomètre centigrade.
Chaleur nécessaire pour fondre la fonte de fer...............	+ 9300°
Chaleur nécessaire pour braser le fer......................	+ 7261
Fusion du cuivre rouge..........	+ 2526
du cuivre jaune..........	+ 2093
du zinc	+ 370,0
Ébullition du mercure...........	+ 315,5
des huiles exprimées..	+ 315,5
de l'essence de térében- thine..............	+ 298,8
de l'acide sulfurique..	+ 285,5
Le plomb se fond à...........	+ 260,0
Le bismuth..................	+ 256,0
L'étain....................	+ 209,0
L'acide nitreux bout à..........	+ 116,6
L'eau......................	+ 100,0
Le sodium se fond à	+ 90,0
L'eau-de-vie.	+ 87,7
L'alcool...................	+ 79,0
La cire se fond à.............	+ 61
Le potassium.................	+ 58,0

L'acide sulfurique concentré se
    gèle à...................... $+$ 7,0

L'huile d'olive .... $+$ 6,0

L'eau à.......................   00

Le mercure à   39

A zéro de température et sous la pression
de $0^m,76$, le rapport du poids de l'air à celui
du mercure est de 1 à 10466.

Table des dilatations linéaires qu'éprouvent différentes substances, depuis le terme de la congélation de l'eau jusqu'à celui de son ébullition, d'après
MM. Laplace et Lavoisier.

NOMS DES SUBSTANCES.	DILATATIONS en décimales,	en fractions ordinaires.
Acier non trempé........	0,0010791..	$\frac{1}{927}$
Argent de coupelle......	0,0019097..	$\frac{1}{523}$
Cuivre rouge..........	0,0017173..	$\frac{1}{582}$
Cuivre jaune ou laiton....	0,0018782..	$\frac{1}{533}$
Étain de Falmouth.......	0,0021730..	$\frac{1}{462}$
Fer doux forgé.........	0,0012205..	$\frac{1}{819}$
Fer rond passé à la filière.	0,0012350..	$\frac{1}{812}$
Flint-glass anglais......	0,0008117..	$\frac{1}{1248}$
Or de départ..........	0,0014661..	$\frac{1}{682}$
Or au titre de Paris.....	0,0015515..	$\frac{1}{646}$
Platine..............	0,0008565..	$\frac{1}{1167}$
Plomb	0,0028424..	$\frac{1}{356}$
Verre de St.-Gobain.....	0,0008909..	$\frac{1}{1122}$

Le mercure se dilate, en volume, depuis zéro
jusqu'à l'eau bouillante. $0,018018 = \frac{100}{5550}$

L'eau de.............	0,0433	$= \frac{1}{23}$
L'alcool de...........	0,1100	$= \frac{1}{9}$
Tous les gaz de........	0,375	$= \frac{100}{267}$

Table qui indique le poids que peuvent soutenir des barres de différens métaux d'un centimètre d'équarrissage.

Les expériences qui ont fourni cette table ont été faites à froid.

Or tiré . . . . 818^k,59

Argent tiré 1020,74

Cuivre rouge. 2072,0

Cuivre jaune. 2522

Acier non trempé. 8286

Acier trempé revenu jaune. 10000

Fer forgé. 3000

Fonte de fer. 2540

Étain coulé. 414

Zinc 152

TABLE
DES MATIÈRES.

DE L'IMPRIMERIE DE CRAPELET,
rue de Vaugirard, n° 9.

ERRATA.

Pag. lig.	au lieu de :	lisez :
9, 9 et 11,	150° et 166°,	154° et 173.
71, 5,	que la dimension,	que la diminution.
73, 5,	de la chaudière par E,	de la chaudière par C.
93, 13,	B est une cloison fixe,	F est une cloison fixe.
103, 23,	D G G,	D J J.
107, 2,	dans l'espace R,	dans l'espace K.
116, 15,	2,066 4livres 6onces,	2,066 4livres 0onces.
117, 8 et 17,	20k,066,	20k,66.
ibid., 18,	6,62145,	6,7145.
118, 16,	commerce, sans,	commerce. Sans.
ibid., 18,	; les,	; les.
122, 14,	$\dfrac{23^k,2}{0^k,65} = 49^k,38$,	$\dfrac{33^k,2}{0^k,65} = 51^k,1$.
123, 9,	0,65.....42,25,	65.....4225.
131, 24,	ont les lignes,	ont 4 lignes.
134, 18,	4 chevaux,	5 chevaux.
135, 1,	de 36 à 48 par minute,	de 36 à 55 par minute.
140, 17,	d'un quart,	du double.
ibid., 19,	un 9e de vibration,	19 vibrations de plus.

LIBRAIRIE DE RORET,

RUE HAUTEFEUILLE, AU COIN DE CELLE DU BATTOIR.

N. B. *Comme il y a deux Libraires de ce nom, on est prié de bien indiquer l'adresse.*

MANUEL D'ALGÈBRE, ou Exposition élémentaire des principes de cette science, à l'usage des personnes privées des secours d'un maître; par M. TERQUEM, docteur ès sciences, officier de l'Université, professeur aux Écoles royales, etc. Un gros volume.   3 fr. 50 c.

— **D'ARCHITECTURE**, ou Traité général de l'art de bâtir, par M. TOUSSAINT, architecte. Deux gros volumes ornés d'un grand nombre de planches.   7 fr.

— **D'ARPENTAGE**, ou Instruction sur cet art et sur celui de lever les plans; par M. LACROIX, membre de l'Institut. *Troisième édition.* Un volume orné de planches.   2 fr. 50 c.

— **D'ARITHMÉTIQUE DÉMONTRÉE**, à l'usage des jeunes gens qui se destinent au commerce, et de tous ceux qui désirent se bien pénétrer de cette science; par M. COLLIN, et revu par M. R....., ancien élève de l'École polytechnique. Un volume. *Septième édition.*   2 fr. 50 c.

— **DE L'ARTIFICIER**, ou l'Art de faire toutes sortes de feux d'artifice à peu de frais, et d'après les meilleurs procédés, contenant les Élémens de la Pyrotechnie civile et militaire, leur application pratique à tous les artifices connus jusqu'à ce jour, et à de nouvelles combinaisons fulminantes; par M. VERGNAUD, capitaine d'artillerie. *Deuxième édition.* Un volume orné de planches.   3 fr.

— **D'ASTRONOMIE**, ou Traité élémentaire de cette science, d'après l'état actuel de nos connaissances, contenant l'Exposé complet du Système du Monde, basé sur les travaux les plus récens et les résultats qui dérivent des recherches de M. Pouillet, sur la température du soleil, et de celles de M. ARAGO sur la densité de la partie extérieure de cet astre; par M. BAILLY, membre de plusieurs sociétés savantes. *Deuxième édition.* Un volume orné de planches.   2 fr. 50 c.

— **DU BANQUIER, DE L'AGENT DE CHANGE ET DU COURTIER**, contenant les lois et réglemens qui s'y rapportent, les diverses opérations de change, courtage et négociations des effets à la Bourse; par M. PEUCHET. Un vol.   2 fr. 50 c.

— **BIOGRAPHIQUE**, ou Dictionnaire historique abrégé des Grands Hommes, depuis les temps les plus reculés jusqu'à nos jours, composé sur le plan du Dictionnaire de la table de Chompré; par M. JACQUELIN, et revu par M. NOEL, inspecteur général des études. Deux vol.   6 fr.

MANUEL DE BOTANIQUE, contenant les principes élémentaires de cette science, la Glossologie, l'Organographie et la Physiologie végétale, la Phytothérosie, l'Analyse de tous les systèmes, tant naturels qu'artificiels, faits sur la distribution des plantes, depuis Aristote jusqu'à ce jour ; et le développement du système des familles naturelles ; par M. BOITARD. *Deuxième édit.* Un vol. orné de planch. 3 fr. 50 c.

— **DE BOTANIQUE**, deuxième partie, **FLORE FRANÇAISE**, ou Description synoptique de toutes les plantes phanérogames et cryptogames qui croissent naturellement sur le sol français, avec les caractères des genres des agames et l'indication des principales espèces ; par M. BOISDUVAL. Trois gros vol. 10 fr. 50 c.

ATLAS DE BOTANIQUE, composé de 120 planches, représentant la plupart des plantes décrites dans l'ouvrage ci-dessus.

Prix, figures noires, 18 fr.
Figures coloriées, 36 fr.

— **DU BOULANGER, DU NÉGOCIANT EN GRAINS, DU MEUNIER ET DU CONSTRUCTEUR DE MOULINS.** *Deuxième édition*, entièrement refondue par MM. JULIA DE FONTENELLE et BENOIST. Un gros volume orné de planches. 3 fr. 50 c.

— **DU BRASSEUR**, ou l'Art de faire toutes sortes de bières, contenant tous les procédés de cet art ; suivi d'un exposé des altérations frauduleuses de la bière, et des moyens de les découvrir ; traduit de l'anglais de ACCUM, par M. RIFFAUT. *Deuxième édition*, revue, corrigée et augmentée. Un volume. 2 fr. 50 c.

— **DE CALLIGRAPHIE**, Méthode complète de CARSTAIRS, dite Américaine, ou l'ART D'ÉCRIRE EN PEU DE LEÇONS par des moyens prompts et faciles, renfermant un grand nombre d'observations sur les obstacles qui retardent les progrès des élèves ; des principes sur la taille de la plume ; les moyens d'acquérir une belle expédiée, etc. Trad. de l'anglais par M. TREMERY, accompagné d'un Atlas renfermant un grand nombre de modèles mis en français. 3 fr.

— **DU CHAMOISEUR, MAROQUINIER, PEAUSSIER ET PARCHEMINIER**, contenant les procédés les plus nouveaux, toutes les découvertes faites jusqu'à ce jour, et toutes les connaissances nécessaires à ceux qui veulent pratiquer ces Arts, par M. DESSABLES. Un vol. orné de planches. 3 fr.

— **DU CHANDELIER ET DU CIRIER**, suivi de l'Art du fabricant de cire à cacheter : par M. SÉBASTIEN LENORMAND, professeur de technologie, etc. Un gros vol. orné de planch. 3 fr.

— **DU CHARCUTIER**, ou l'Art de préparer et de conserver les différentes parties du cochon, d'après les plus nouveaux procédés, précédé de l'art d'élever les porcs, de les engraisser et de les guérir ; par une réunion de Charcutiers, et rédigé par madame CELNART, Un vol. 2 fr. 50 c.

MANUEL DU CHARPENTIER, ou Traité complet et simplifié de cet Art; par MM. HANUS ET BISTON (VALENTIN). 2ᵉ édition. Un vol. orné de 12 planches. 3 fr. 50 c.

— **DU CHASSEUR**, contenant un Traité sur toutes les chasses, un vocabulaire des termes de vénerie, de fauconnerie et de chasse; les lois, ordonnances de police, etc., sur le port d'armes, la chasse, la pêche, la louveterie. *Quatrième édition.* Un volume, avec figures et musique. 3 fr.

— **DU CHAUFOURNIER**, contenant l'Art de calciner la pierre à chaux et à plâtre, de composer toutes sortes de mortiers ordinaires et hydrauliques, cimens, pouzzolanes artificielles, bétons, mastics, briques crues, pierres et stucs, ou marbres factices propres aux constructions; par M. BISTON. Un gros vol. 3 fr.

— **DE CHIMIE**, ou Précis élémentaire de cette science, dans l'état actuel de nos connaissances; par M. RIFFAULT. Seconde édition, revue, corrigée et très-augmentée, par M. VERGNAUD. Un gros vol. orné de figures. 3 fr.

— **DE CHIMIE AMUSANTE**, ou nouvelles Récréations chimiques, contenant une suite d'expériences curieuses et instructives en chimie, d'une exécution facile, et ne présentant aucun danger; par FRÉDÉRIC ACCUM; suivi de notes intéressantes sur la Physique, la Chimie, la Minéralogie, etc., par SAMUEL PARKES. Traduit de l'anglais, par M. RIFFAULT. *Deuxième édition*, revue par M. VERGNAUD. Un vol. orné de figures. 3 fr.

ART DE SE COIFFER SOI-MÊME, enseigné aux dames, suivi du MANUEL DU COIFFEUR, précédé de préceptes sur l'entretien, la beauté et la conservation de la chevelure, etc., etc., par M. VILLARET. Un joli volume. 2 fr. 50 c.

MANUEL DE LA BONNE COMPAGNIE, ou Guide de la politesse, des égards, du bon ton et de la bienséance. *Cinquième édition.* Un volume. 2 fr. 50 c.

— **DU CONSTRUCTEUR DE MACHINES A VAPEUR**, par M. JANVIER, officier au corps royal de la marine. Un volume orné de planches. 2 fr. 50 c.

— **DES CONTRIBUTIONS DIRECTES**, à l'usage des contribuables, des receveurs, des employés des contributions et du cadastre, ou Recueil des lois, ordonnances, décisions et instructions ministérielles, en matière de contributions directes et du cadastre, indiquant d'une manière précise la base des impôts et leur répartition, et ce que chacun doit payer selon la loi, suivi du mode des réclamations, et la marche à suivre pour obtenir une juste et prompte décision, etc., par M. DELONCLE, ex-contrôleur. Un volume. 2 fr. 50 c.

— **DU CUISINIER ET DE LA CUISINIÈRE**, à l'usage de la ville et de la campagne, contenant toutes les recettes les plus simples pour faire bonne chère avec économie, ainsi que les meilleurs procédés pour la pâtisserie et l'office, précédé d'un Traité sur la dissection des viandes, suivi de la manière de conserver les substances alimentaires, et d'un Traité sur les vins; par M. CARDELLI, ancien chef d'office. *Septième édition.* Un gros vol. orné de figures. 2 fr. 50 c.

MANUEL DU CULTIVATEUR FRANÇAIS, ou l'Art de bien cultiver les terres, de soigner les bestiaux et de retirer des unes et des autres le plus de bénéfices possible; par M. THIÉBAUT DE BERNEAUD. Deux vol. 5 fr.

— **DES DAMES**, ou l'Art de la Toilette, suivi de l'Art du Modiste et du Mercier-Passementier, contenant les procédés les plus convenables pour la conservation des cheveux, des dents et du teint; l'Art des gestes et du maintien; celui de guérir les petits accidens qui nuisent à la beauté, le choix des bons cosmétiques, celui des vêtemens et parures; la manière de se coiffer, lacer et chausser agréablement; de faire les corsets et les gants; de conserver et raccommoder les fourrures; de préparer les bracelets, jarretières élastiques, ceintures, chapeaux, fichus, toques, berrets, bonnets parés, etc., par mad. CELNART. Un vol. orné de figures. 3 fr.

— **DES DEMOISELLES**, ou Arts et Métiers qui leur conviennent, tels que la couture, la broderie, le tricot, la dentelle, la tapisserie, les bourses, les ouvrages en filets, en chenille, en gauze, en perle, en cheveux, etc., etc.; enfin tous les arts dont les demoiselles peuvent s'occuper avec agrément, par madame ELISABETH CELNART. *Troisième édition.* Un volume orné de planches. 3 fr.

— **DU DESSINATEUR**, ou Traité complet de cet art, contenant le dessin linéaire à vue, le dessin linéaire géométrique, le dessin de l'ornement, le dessin de la figure, le dessin du paysage, le dessin et lavis de la topographie; par M. PERROT, membre de la Société royale des Sciences, etc. *Deuxième édition.* Un vol. orné d'un grand nombre de planches. 3 fr.

— **DU DESSINATEUR ET DE L'IMPRIMEUR LITHOGRAPHE**, par M. BRÉGEAUT, lithographe breveté de S. A. R. Mgr le Dauphin. *Seconde édition.* Un volume orné de 12 lithographies. 3 fr.

— **DU DESTRUCTEUR DES ANIMAUX NUISIBLES**, ou l'Art de prendre et de détruire tous les animaux nuisibles à l'agriculture, au jardinage, à l'économie domestique, à la conservation des chasses, des étangs, etc., etc.; par M. VÉNARDI, propriétaire-cultivateur, membre de plusieurs Sociétés savantes. Un vol. orné de planches. 3 fr.

— **DU DISTILLATEUR LIQUORISTE**, ou Traité de la Distillation en général; suivi de l'Art de fabriquer des liqueurs à peu de frais et d'après les meilleurs procédés; par M. LEBEAUD. *Deuxième édition.* Un vol. 3 fr.

MANUEL D'ÉCONOMIE DOMESTIQUE, contenant toutes les recettes les plus simples et les plus efficaces sur l'économie rurale et domestique, à l'usage de la ville et de la campagne; par madame CELNART. *Deux. édit.* Un vol. orné de figures. 2 fr. 50 c.

— **D'ENTOMOLOGIE** en Histoire naturelle des Insectes; contenant la synonymie et la description de la plus grande partie des espèces d'Europe et des espèces exotiques les plus remarquables; par M. BOITARD. Deux gros vol.   7 fr.

— **ATLAS D'ENTOMOLOGIE**, composé de 110 planches représentant les insectes décrits dans l'ouvrage ci-dessus.

Figures noires.   17 fr.
Figures coloriées.   34 fr.

— **DU STYLE ÉPISTOLAIRE**, ou Choix de Lettres puisées dans nos meilleurs auteurs, précédé d'instructions sur l'Art Épistolaire et de Notices Biographiques; par M. BISCARRAT, professeur. Un gros vol.   3 fr.

— **DU FABRICANT DE DRAPS**, ou Traité général de la fabrication des draps; par M. BONNET, ancien fabricant à Lodève. Un volume.   3 fr.

— **DU FABRICANT ET DE L'ÉPURATEUR D'HUILES**, suivi d'un Aperçu sur l'éclairage par le gaz; par M. JULIA FONTENELLE, professeur de chimie. Un volume orné de planches.   3 fr.

— **DU FABRICANT DE PRODUITS CHIMIQUES**, ou Formules et Procédés usuels relatifs aux matières que la chimie fournit aux arts industriels, à la médecine et à la pharmacie, renfermant la description des opérations et des principaux ustensiles en usage dans les laboratoires; par M. THILLAYE, professeur de chimie manufacturière, chef des travaux chimiques de l'ancienne fabrique de M. Vauquelin. Deux volumes ornés de planches.   7 fr.

— **DU FABRICANT DE SUCRE ET DU RAFFINEUR**, ou Essai sur les différens moyens d'extraire le Sucre et de le raffiner; par MM. BLACHETTE et ZOËGA. Un vol.   3 fr.

— **DU FLEURISTE ARTIFICIEL**, ou l'Art d'imiter d'après nature toute espèce de fleurs, en papier, batiste, mousseline et autres étoffes de coton; en gaze, taffetas, satin, velours; de faire des fleurs en or, argent, chenille, plumes, paille, baleine, cire, coquillages; les autres fleurs de fantaisie; les fruits artificiels; et contenant tout ce qui est relatif au commerce de fleurs; suivi de l'ART DU PLUMASSIER, par Madame CELNART. Un vol., orné de figures.   2 fr. 50 c.

— **DU FONDEUR SUR TOUS MÉTAUX**, ou Traité de toutes les opérations de la fonderie; contenant tout ce qui a rapport à la fonte et au moulage du cuivre, à la fabrication des pompes à incendie et des machines hydrauliques; la manière de

construire toutes sortes d'établissemens pour fondre le cuivre et le
fer ; la fabrication des bouches à feu et des projectiles pour l'Artillerie de terre et de mer ; la fonte des cloches, des statues, des
ponts, etc., etc. : avec des exemples de grands travaux propres à
aplanir les difficultés du moulage et de la fonte ; par M. LAUNAY,
fondeur de la colonne de la place Vendôme, directeur de la fonte
des ponts de Paris, etc., etc. Deux vol. ornés d'un grand nombre
de planches.   7 fr.

**MANUEL THÉORIQUE ET PRATIQUE DU MAITRE DE
FORGES**, ou l'Art de travailler le fer ; par M. LANDRIN, ingénieur civil. Deux vol. ornés de planches.   6 fr.

—**DES GARDES-CHAMPÊTRES, FORESTIERS, GARDES-
PÊCHES**, contenant l'exposé méthodique des lois, décrets, ordonnances du roi, circulaires et instructions ministérielles, et arrêts
de la cour de cassation, depuis 1791 jusqu'en 1820, sur leurs attributions, fonctions, droits et devoirs en matière d'administration
et de police judiciaire, avec les formules et modèles des rapports
et des procès-verbaux qui sont de leur compétence ; par M. RON-
DONNEAU. Un vol.   2 fr. 50 c.

—**DES GARDES-MALADES**, et des personnes qui veulent se soigner elles-mêmes, ou l'Ami de la santé, contenant un exposé
clair et précis des soins à donner aux malades de tout genre, la
manière de gouverner les femmes pendant leurs couches, les enfans
au moment de la naissance, et généralement de ce qu'il importe
le plus de connaître à tous ceux qui veulent se livrer au soula-
gement de l'humanité souffrante ; par M. MORIN, docteur en
médecine. Un volume. *Troisième édition.*   2 fr. 50 c.

— **GÉOGRAPHIQUE**, ou le nouveau Géographe manuel, contenant la Description statistique et historique de toutes les parties
du monde, leurs climats, leurs productions, leurs gouvernemens,
le caractère de leurs habitans ; la Description des principales villes,
et leurs distances de Paris ; les routes et distances de ces villes
entre elles ; une Notice sur les départemens de la France, leurs
chefs-lieux ; la Concordance des calendriers : une Notice sur les
lettres de change, bons aux porteurs, billets à ordre, etc. ; le Système métrique, la Concordance des mesures anciennes et nouvelles ; les Changes et monnaies étrangères évaluées en francs et centimes ; les hauteurs des lieux, les places les plus élevées du globe,
les lieux originaires des principales productions de la terre, etc.
ouvrage indispensable à tous les voyageurs, négocians, et utile à
toutes les personnes qui veulent avoir une idée générale de la
terre, de ses divisions, de ses produits et de son commerce ; par
ALEXANDRE DEVILLIERS. Un gros vol. de plus de 400 pages, orné
de 7 jolies cartes. *Troisième édition.*   3 fr. 50 c.

— **DE GÉOMÉTRIE**, ou Exposition élémentaire des prin-

cipes de cette science, comprenant les deux trigonométries, la théorie des projections, et les principales propriétés des lignes et surfaces du second degré, à l'usage des personnes privées des secours d'un maître ; par M. Terquem. Un gros volume orné de pl. 3 fr. 50 c.
MANUEL DES HABITANS DE LA CAMPAGNE ET DE LA BONNE FERMIÈRE, ou Guide pratique des travaux à faire dans la campagne pendant le cours de l'année, et où se trouve un grand nombre de nouveaux procédés d'économie rurale et domestique ; par madame Gacon-Dufour. Un volume. 2 fr. 50 c.
— DE L'HERBORISTE, DE L'ÉPICIER-DROGUISTE ET DU GRAINIER-PÉPINIÉRISTE, contenant la description des végétaux, les lieux de leur naissance, leur analyse chimique et leurs propriétés médicales ; par MM. Julia Fontenelle et Tollard. Deux gros volumes. 7 fr.
— D'HISTOIRE NATURELLE, comprenant les trois Règnes de la Nature, ou Genera complet des animaux, des végétaux et des minéraux ; par M. Boitard. Deux gros volumes. 7 fr.

Atlas des différentes parties de l'Histoire naturelle, et qui se vendent séparément.

ATLAS POUR LA BOTANIQUE, composé de 120 planches, figures noires. 18 fr.
- Figures coloriées. 36 fr.
- POUR LES MOLLUSQUES, représentant les mollusques nus et les coquilles, 51 planches, figures noires. 7 fr.
- Figures coloriées. 14 fr.
— POUR LES CRUSTACÉS, 18 planches, figures noires. 3 fr.
- Figures coloriées. 6 fr.
— POUR LES INSECTES, 110 planches, figures noires. 17 fr.
- Figures coloriées. 34 fr.
— POUR LES MAMMIFÈRES, 80 planches, figures noires. 12 fr.
- Figures coloriées. 24 fr.
ATLAS POUR LES MINÉRAUX, 40 planches, figures noires. 6 fr.
- Figures coloriées. 12 fr.
— POUR LES OISEAUX, 129 planches, figures noires. 20 fr.
- Figures coloriées. 40 fr.
— POUR LES POISSONS, 155 planches, figures noires. 24 fr.
- Figures coloriées. 48 fr.
— POUR LES REPTILES, 54 planches, figures noires. 9 fr.
- Figures coloriées. 18 fr.

ATLAS POUR LES ZOOPHYTES, représentant la plupart des vers et des animaux-plantes, 25 planches, figures noires. 6 fr.

Figures coloriées. 12 fr.

MANUEL D'HYGIÈNE, ou l'Art de conserver sa santé; par M. MORIN, docteur-médecin. 3 fr.

— **DE L'IMPRIMEUR**, ou Traité simplifié de la typographie; par M. AUDOUIN DE GÉRONVAL, et revu par M. CRAPELET, imprimeur. Un volume orné de planches. 3 fr.

— **DU JARDINIER**, ou l'Art de cultiver et de composer toutes sortes de jardins; ouvrage divisé en deux parties : la première contient la culture des jardins potagers et fruitiers; la seconde, la culture des fleurs, et tout ce qui a rapport aux jardins d'agrément; dédié à M. THOUIN, ex-professeur de culture au Muséum d'histoire naturelle, membre de l'Institut, etc.; par M. BAILLY son élève. *Quatrième édition*, revue, corrigée et considérablement augmentée. Deux gros volumes ornés de planches. 5 fr.

— **DU JAUGEAGE ET DES DÉBITANS DE BOISSONS**, contenant les tarifs très-simplifiés en anciennes et nouvelles mesures, relatifs à l'art de jauger; toutes les lois, ordonnances, réglemens sur les boissons, avec les arrêts des cours faisant connaître tous les droits auxquels les débitans de boissons sont assujettis, etc., etc.; ouvrage utile à tous les marchands de vins, aubergistes, traiteurs, maître-d'hôtels, limonadiers, distillateurs, débitans d'eau-de-vie, brasseurs, et à tous ceux qui se livrent à la vente au détail des vins, bières, cidres, poirés, hydromels, etc.; par M. LAUDIER, membre de la Légion-d'Honneur, et par M. D..., avocat à la Cour royale de Paris. Un volume orné de figures. 3 fr.

— **DES JEUX DE CALCUL ET DE HASARD**, ou Nouvelle Académie des jeux, contenant, tous les jeux préparés simples, tels que les Jeux de Mots, de l'Oie, de Loto, de Domino; les Jeux préparés composés, comme Dames, Trictrac, Echecs, Billard, etc. 2° Tous les Jeux de Cartes, soit simples, soit composés : 1° les jeux d'enfans, comme la Bataille, la Brisque, la Freluche, etc.; les Jeux communs, tels que la Bête, la Mouche, le Lenturlu, la Triomphe, etc.; 3° les Jeux de salon, comme le Boston, le Reversis, le Whiste; 4° les Jeux d'application, comme l'Hombre, le Piquet, etc.; 5° les Jeux de distraction, comme le Commerce, le Vingt-et-Un, etc.; 6° enfin les Jeux spécialement dits de *Hasard*, tels que le Pharaon, le Trente et Quarante, la Roulette, etc.; un Appendice contenant les Jeux étrangers, comme les Tarots suisses et les Jeux de combinaisons gymnastiques, comme la Paume, le Mail, etc.; par M. LEBRUN. Un volume. 3 fr.

— **DES JEUX DE SOCIÉTÉ**, renfermant tous les Jeux qui conviennent aux jeunes gens des deux sexes; tels que Jeux de jardin, Rondes, Jeux-Rondes, Jeux publics, Montagnes russes et autres, Jeux de Salon, Jeux préparés, Jeux-Gages, Jeux d'Attrape, d'Action, Charades en action : Jeux de Mémoire,

Jeux d'Esprit, Jeux de Mots, Jeux-Proverbes, Jeux-Pénitences, et toutes les Pénitences appropriées à ces diverses sortes de Jeux, avec des Chansons, Romances, Fables, Énigmes, Charades, Narrations, Exemples d'Improvisation et de Déclamation, la plupart inédits, et suivi d'un Appendice contenant tous les Jeux d'enfans; par madame CELNART. Un gros vol. 3 f.

MANUEL DU LIMONADIER ET DU CONFISEUR, contenant les meilleurs procédés pour préparer le café, le chocolat, le punch, les glaces, boissons rafraîchissantes, liqueurs, fruits à l'eau-de-vie, confitures, pâtes, esprits, essences, vins artificiels, pâtisserie légère, bière, cidre, eaux, pommades et poudres cosmétiques, vinaigres de ménage et de toilette, etc., etc.; par M. CARDELLI. Un gros vol. Quatrième édition. 2 fr. 50 c.

— DE LA MAITRESSE DE MAISON, ET DE LA PARFAITE MÉNAGÈRE, ou Guide pratique pour la gestion d'une maison à la ville et à la campagne, contenant les moyens d'y maintenir le bon ordre et d'y établir l'abondance, de soigner les enfans, de conserver les substances alimentaires, etc., etc.; par madame GACON-DUFOUR. Deuxième édit., revue par madame CELNART. Un vol. 2 fr. 50 c.

— DE MAMMALOGIE, ou l'Histoire Naturelle des Mammifères; par M. LESSON, membre de plusieurs Sociétés savantes. Un gros vol. 3 fr. 50 c.

ATLAS DE MAMMALOGIE, composé de 80 planches représentant la plupart des animaux décrits dans l'ouvrage ci-dessus.
Figures noires. 12 fr.
Figures coloriées. 24 fr.

— COMPLET DES MARCHANDS DE BOIS ET DE CHARBONS, ou Traité de ce commerce en général; contenant tout ce qu'il est utile de savoir depuis l'ouverture des adjudications des coupes jusques et y compris l'arrivée et le débit des bois et charbons, ainsi que le précis des lois, ordonnances, réglemens, etc., sur cette matière; suivi de Nouveaux Tarifs pour le cubage et le mesurage des bois de toute espèce, en anciennes et nouvelles mesures; par M. MARIÉ DE L'ISLE, ancien agent du flottage des bois. Un vol. 3 fr.

— DU MÉCANICIEN-FONTAINIER, POMPIER, PLOMBIER, contenant la théorie des pompes ordinaires, des machines hydrauliques les plus usitées, et celle des pompes rotatives, leurs applications à la navigation sous-marine, à un mode de nouveau réfrigérant; l'Art du plombier, et la description des appareils les plus nouveaux, relatifs à cette branche d'industrie; par MM. JANVIER et BISTON. Un vol. orné de planches. 3 fr.

— D'APPLICATIONS MATHÉMATIQUES USUELLES ET AMUSANTES, contenant des problèmes de Statique, de Dy

namique, d'Hydrostatique et d'Hydrodynamique, de pneumatique, d'Acoustique, d'Optique, etc., avec leurs solutions; des
notions de Chronologie, de Gnomonique, de Levée des Plans,
de Nivellement, de Géométrie pratique, etc., avec les formules y relatives; plus un grand nombre de tables usuelles, et terminé par un Vocabulaire renfermant la substance d'un Cours de
Mathématiques Elémentaires; par M. RICHARD. Un gros vol. 3 fr.

MANUEL DE MÉCANIQUE, ou Exposition élémentaire des lois
de l'équilibre et du mouvement des corps solides, à l'usage des
personnes privées des secours d'un maître; par M. TERQUEM. Un
gros vol. orné de planches.   3 fr. 50 c.

— **DE MÉDECINE ET CHIRURGIE DOMESTIQUES**, contenant un choix des remèdes les plus simples et les plus efficaces
pour la guérison de toutes les maladies internes et externes qui
affligent le corps humain. *Seconde édition* entièrement refondue
et considérablement augmentée; par M. MORIN, doct.-médec.
Un vol.   3 fr. 50 c.

— **DU MENUISIER EN MEUBLES ET EN BATIMENS**,
de l'Art de l'ébéniste, contenant tous les détails utiles sur la nature des bois indigènes et exotiques, la manière de les teindre,
de les travailler, d'en faire toutes espèces d'ouvrages et de meubles, de les polir et vernir, d'exécuter toutes sortes de placages
et de marqueterie; par M. NOSBAN, menuisier-ébéniste. *Deuxième
edition*. Deux volumes ornés de planches.   6 fr.

— **DE MÉTÉOROLOGIE**, ou Explication théorique et démon-
strative des phénomènes connus sous le nom de météores; par
M. FELLENS. Un volume orné de planches.   3 fr. 50 c.

— **DE MINÉRALOGIE**, ou Traité élémentaire de cette science
d'après l'état actuel de nos connaissances, contenant la description
des minéraux et leur classification, basées sur les découvertes les
plus récentes; par M. BLONDEAU. *Seconde édition*, revue par
M. D., professeur, et JULIA-FONTENELLE. Un gros volume orné
de figures.   3 fr. 50 c.

ATLAS DE MINÉRALOGIE, composé de 40 planches représentant la plupart des minéraux décrits dans l'ouvrage ci-dessus.
Prix : Figures noires.   6 fr.
        Figures coloriées.   12 fr.

MANUEL DE MINIATURE ET DE GOUACHE, par M. CONS-
TANT-VIGUIER; suivi du **MANUEL DU LAVIS A LA SEPPIA ET
DE L'AQUARELLE**; par M. LANGLOIS DE LONGUEVILLE. Un gros
volume orné de planches.   3 fr.

— **DE L'HISTOIRE NATURELLE DES MOLLUSQUES ET
DE LEURS COQUILLES**, ayant pour base de classification celle
de M. Cuvier; par M. RANG, officier au corps royal de la marine.
Un gros vol. orné de planches.   3 fr. 50 c.

ATLAS POUR LES MOLLUSQUES, représentant les mollusus et

les coquilles, 51 planches, figures noires, 7 fr.

Figures coloriées. 14 fr.

MANUEL DU MOULEUR, ou l'Art de mouler en plâtre, carton, carton-pierre, carton-cuir, cire, plomb, argile, bois, écaille, corne, etc., etc., contenant tout ce qui est relatif au moulage sur nature morte et vivante, au moulage de l'argile, du ciment romain, de la chaux hydraulique, des cimens composés, des matières plastiques nouvellement inventées; par M. LEBRUN. Un vol. orné de fig. 2 fr. 50 c.

MANUEL DU NATURALISTE PRÉPARATEUR, ou l'Art d'empailler les animaux, de conserver les végétaux et les minéraux; par M. BOITARD. Un volume. *Deuxième édition.* 2 fr. 50 c.

— **DU NÉGOCIANT ET DU MANUFACTURIER**, contenant les Lois et Règlemens relatifs au commerce, aux fabriques et à l'industrie; la connaissance des marchandises; les usages dans les ventes et achats; les poids, mesures, monnaies étrangères; les douanes et les tarifs des droits; par M. PEUCHET Un vol. 2 fr. 50 c.

— **D'ORNITHOLOGIE**, ou Description des genres et des principales espèces d'oiseaux; par M. LESSON. Deux gros vol. 7 fr.

ATLAS D'ORNITHOLOGIE, composé de 129 planches représentant les oiseaux décrits dans l'ouvrage ci-dessus.

Figures noires. 20 fr.

Figures coloriées. 40 fr.

— **DU PARFUMEUR**, contenant les moyens de perfectionner les pâtes odorantes, les poudres de diverses sortes, les pommades, les savons de toilette, les eaux de senteur, les vinaigres, élixirs, etc., etc., et où se trouvent indiquées un grand nombre de compositions nouvelles; par madame GACON-DUFOUR. Un volume. 2 fr. 50 c.

— **DU MARCHAND PAPETIER ET DU RÉGLEUR**, contenant la connaissance des papiers divers, la fabrication des crayons naturels et factices gris, noirs et colorés; celle des encres à écrire, ordinaires et indélébiles, des encres d'imprimerie, de lithographie, d'autographie et de la Chine, des encres de couleur et de sympathie; la préparation des plumes, des pains et de la cire à cacheter, de la colle à bouche, des sables, etc.; par M. JULIA-FONTENELLE et M. POISSON. Un gros volume orné de planches. 3 fr.

— **DU PATISSIER ET DE LA PATISSIÈRE**, à l'usage de la ville et de la campagne, contenant les moyens de composer toutes sortes de pâtisseries, soit fortes, soit légères, ainsi que la conservation des viandes, des poissons, des fruits et légumes qui doivent y entrer; par madame GACON-DUFOUR. Un vol. 2 fr. 50 c.

— **DU PÊCHEUR FRANÇAIS**, ou Traité général de toutes sortes de pêches, contenant l'Histoire naturelle des Poissons, la manière de pêcher chaque espèce en particulier ; l'Art de fabriquer les filets ; un Traité sur les Etangs ; un Précis des Lois, Ordonnances et Réglemens sur la pêche ; un modèle de rapport, ou procès-verbaux qui doivent être dressés par les gardes-pêches, etc., etc., par M. PESSON-MAISONNEUVE. Un volume. 3 fr.

— MANUEL DU PEINTRE EN BATIMENS, DU DOREUR ET DU VERNISSEUR, ouvrage utile tant à ceux qui exercent ces arts qu'aux fabricans de couleurs, et à toutes les personnes qui voudraient décorer elles-mêmes leurs habitations, leurs appartemens, etc. ; par M. RIFFAULT. Quatrième édition, revue et augmentée. Un volume. 2 fr. 50 c.

— DE PERSPECTIVE, DU DESSINATEUR ET DU PEINTRE, contenant les Elémens de géométrie indispensables au tracé de la perspective, la perspective linéaire et aérienne, et l'étude du dessin et de la peinture, spécialement appliquée au paysage ; par M. VERGNAUD, ancien élève de l'Ecole Polytechnique. Troisième édition. Un volume orné d'un grand nombre de planches. 3 fr.

— DE PHILOSOPHIE EXPÉRIMENTALE, ou Recueil de dissertations sur les questions fondamentales de la métaphysique, extraites de LOCKE, CONDILLAC, DESTUTT-TRACY, DEGERANDO, LA ROMIGUIÈRE, JOUFFROY, REID, DUGALD-STEWART, KANT, COURIER, etc. Ouvrage conçu sur le plan des leçons de M. Noël, par M. AMICE, régent de rhétorique dans l'Académie de Paris. Un gros vol. 3 fr. 50 c.

MANUEL DE PHYSIOLOGIE VÉGÉTALE, DE PHYSIQUE, DE CHIMIE ET DE MINÉRALOGIE, APPLIQUÉES A LA CULTURE ; par M. BOITARD. Un vol., orné de planches. 3 fr.

— DE PHYSIQUE, ou Elémens abrégés de cette science, mis à la portée des gens du monde et des étudians : contenant l'exposé complet et méthodique des propriétés générales des corps solides, liquides et aériformes, ainsi que des phénomènes du son ; suivi de la nouvelle Théorie de la lumière dans le système des ondulations, et de celles de l'électricité et du magnétisme réunis ; par M. BAILLY, élève de MM. Arago et Biot. Quatrième édition. Un volume orné de planches. 2 fr. 50 c.

— DE PHYSIQUE AMUSANTE, ou nouvelles Récréations physiques, contenant une suite d'expériences curieuses, instructives et d'une exécution facile, ainsi que diverses applications aux arts et à l'industrie ; suivi d'un Vocabulaire de physique ; par M. JULIA-FONTENELLE. Troisième édition. Un volume orné de planches. 3 fr.

— DU POÊLIER-FUMISTE, ou Traité complet de cet art, indiquant les moyens d'empêcher les cheminées de fumer, l'art de chauffer économiquement et d'aérer les habitations, les manufactures, les ateliers, etc ; par M. ARDENNI. Un volume orné de planches.

MANUEL DES POIDS ET MESURES, des Monnaie; et du Calcul décimal; par M. Tarbé. *Treizième édition.* Un vol. 3 fr.

— **DU PORCELAINIER, DU FAIENCIER ET DU POTIER DE TERRE**, suivi de l'Art de fabriquer les terres anglaises et de pipe, ainsi que les poêles, des pipes, les carreaux, les briques et les tuiles; par M. Boyer, ancien fabricant et pensionnaire du Roi. Deux volumes. 6 fr.

— **DU PRATICIEN**, ou Traité complet de la science du Droit mise à la portée de tout le monde, où sont présentées les instructions sur la manière de conduire toutes les affaires, tant civiles que judiciaires, commerciales et criminelles qui peuvent se rencontrer dans le cours de la vie, avec les formules de tous les actes, et suivi d'un Dictionnaire administratif abrégé; par M. D***, avocat à la Cour royale de Paris. *Deuxième édition.* Un gros volume. 5 fr. 50 c.

— **DES PROPRIÉTAIRES D'ABEILLES**, contenant: 1° la ruche villageoise et lombarde, et les ruches à hausses, perfectionnées au moyen de petits grillages en bois, très-faciles à exécuter; 2° des procédés pour réunir ensemble plusieurs ruches faibles, afin d'être dispensé de les nourrir; 3° une méthode très-avantageuse de gouverner les abeilles, de quelque forme que soient leurs ruches, pour en tirer de grands profits; par J. Radouan. *Troisième édition*, corrigée et suivie de l'Art d'élever les vers à soie et de cultiver le mûrier; par M. Morin. Un gros vol. orné de planches. 3 fr.

— **DU PROPRIÉTAIRE ET DU LOCATAIRE, OU SOUS-LOCATAIRE**, tant de biens de ville que de biens ruraux; par M. Sergent. *Troisième édition.* Un volume. 2 fr. 50 c

— **DU RELIEUR DANS TOUTES SES PARTIES**, précédé des Arts de l'assembleur, du brocheur, du marbreur, du doreur et du satineur; par M. Sébastien Lenormand. Un gros volume orné de planches. 3 fr.

— **DU SAVONNIER**, ou l'Art de faire toutes sortes de savons; par une réunion de fabricans, et rédigé par madame Gacon-Dufour et un professeur de chimie. Un volume. 3 fr.

— **DU SERRURIER**, ou Traité complet et simplifié de cet art, d'après les notes fournies par plusieurs Serruriers distingués de la capitale, et rédigé par M. le comte de Grandpré. Un volume orné de planches. 3 fr.

— **COMPLET DES SORCIERS**, ou la Magie blanche dévoilée par les découvertes de la chimie, de la physique et de la mécanique; contenant un grand nombre de tours dus à l'électricité, au calorique, à la lumière, à l'air, aux nombres, aux cartes, à l'escamotage, etc., etc. Ainsi que les scènes de ventriloquie, exécutées et communiquées par M. Comte, physicien du Roi, précédé

d'une Notice sur les sciences occultes, par M. JULIA-FONTENELLE.
Un gros vol. orné de planches.   3 fr.

MANUEL DU TANNEUR, DU CORROYEUR ET DE L'HON-GROYEUR, contenant les procédés les plus nouveaux, toutes les découvertes faites jusqu'à ce jour, relativement à la préparation et à l'amélioration des cuirs, et généralement toutes les connaissances nécessaires à ceux qui veulent pratiquer ces arts; par M. CHICOINEAU. Un vol. orné de planches.   3 fr.

—**DU TEINTURIER**, comprenant l'art de teindre la laine, le coton, la soie, le fil, etc., ainsi que tout ce qui concerne l'ART DU TEINTURIER-DÉGRAISSEUR, etc., etc., traité rédigé d'après les meilleurs ouvrages, et rendu d'une exécution facile pour toute personne qui désirerait s'occuper utilement de cet art; par M. RIFFAULT, ex-régisseur des poudres et salpêtres, etc., etc. *Deuxième édition.* Un gros volume.   3 fr.

—**DU TOURNEUR**, ou Traité complet et simplifié de cet art, d'après les renseignemens fournis par plusieurs tourneurs de la capitale; rédigé par M. DESSABLES. Deux volumes ornés de planches.   6 fr.

—**DU VERRIER** et du Fabricant de glaces, cristaux pierres précieuses, factices, verts colorés, yeux artificiels, etc.: par M. JULIA-FONTENELLE. Un gros volume orné de planches. 3 fr.

—**DU VÉTÉRINAIRE**, contenant la connaissance générale des chevaux, la manière de les élever, de les dresser et de les conduire, la description de leurs maladies et les meilleurs modes de traitement, des préceptes sur la ferrure, suivi de l'ART DE L'ÉQUITATION; par M. LEBEAUD. *Deuxième édition.* Un volume. 3 fr.

—**DU VIGNERON FRANÇAIS**, ou l'Art de cultiver la vigne, de faire les vins, les eaux-de-vie et vinaigres; contenant les différentes espèces et variétés de la vigne, ses maladies et les moyens de les prévenir, les meilleurs procédés pour gouverner, perfectionner et conserver les vins, les eaux-de-vie et vinaigres, ainsi que la manière de faire avec ces substances toutes les liqueurs, de gouverner une cave, mettre en bouteilles, etc., etc.; enfin de profiter avec avantage de tout ce qui nous vient de la vigne; suivi d'un coup d'œil sur les maladies particulières aux vignerons; par M. THIÉBAUD DE BERNEAUD. Un gros volume orné de planches. *Troisième édition.*   3 fr.

—**DU VINAIGRIER ET DU MOUTARDIER**, suivi de nouvelles Recherches sur la fermentation vineuse, présentées à l'Académie royale des Sciences; par M. JULIA-FONTENELLE. Un vol.   3 fr.

—**DU VOYAGEUR DANS PARIS**, ou Nouveau Guide de l'étranger dans cette capitale, soit pour la visiter ou s'y établir, contenant la Description historique, géographique et statistique de Paris, son tableau politique, sa description intérieure, tout ce qui concerne à Paris les besoins, les habitudes de la vie, les

amusemens, etc., etc., orné de plans et de planches représentant
ses monumens; par M. LEBRUN. Un gros volume.   3 fr. 50 c.

MANUEL DU ZOOPHILE, ou l'Art d'élever et de soigner les
animaux domestiques; par un propriétaire cultivateur, et rédigé
par madame CELNART. Un volume.   2 fr. 50 c.

Ouvrages sous presse.

MANUEL COMPLÉMENTAIRE D'ALGÈBRE, comprenant la
théorie et la résolution des équations; la théorie des dérivées directes et inverses, avec les principales applications à la Géométrie, à la mécanique et au calcul des probabilités.

— DE L'AMIDONNIER ET DU VERMICELLIER.
— DU BIJOUTIER ET DE L'ORFÉVRE.
— DU BOURRELIER ET DU SELLIER.
— DU BONNETIER ET DU FABRICANT DE BAS.
— DU BIBLIOPHILE ET DE L'AMATEUR DE LIVRES,
par M. F. DENIS.
— DU COUTELIER.
— DU CARTONNIER ET DU CARTIER.
— DU CHARRON ET DU CAROSSIER.
— DU CHAPELIER.
— D'ÉCONOMIE POLITIQUE.
— DU FILATEUR EN GÉNÉRAL.
— DU FERBLANTIER LAMPISTE.
— DU FACTEUR D'ORGUES.
— DE GÉOLOGIE, par M. HUOT.
— DE GÉOGRAPHIE-PHYSIQUE, par M. BORY DE SAINT-VIN-
CENT.
— COMPLÉMENTAIRE DE GÉOMÉTRIE, comprenant la
géométrie descriptive, et ses applications principales à la stéréo-
tomie, à la stéréographie et à la topographie.
— DE GYMNASTIQUE, par M. AMOROS.
— DU GRAVEUR.
— DE L'HORLOGER.
— D'ICHTIOLOGIE ET D'ERPÉTOLOGIE, ou Histoire des
Poissons et des Reptiles.
— DU LAYETIER ET DE L'EMBALLEUR.
— COMPLÉMENTAIRE DE MÉCANIQUE, ou Mécanique
physique, comprenant les frottemens, les adhésions, les en-
grenages; la théorie des lignes, surfaces et corps élastiques et
vibrans; la résistance des solides et des fluides; l'équilibre et le
mouvement des fluides pondérables et impondérés.
— DU MAÇON, PLATRIER, PAVEUR, CARRELEUR, COU-
VREUR.
— DE MUSIQUE VOCALE ET INSTRUMENTALE, par
M. Choron.

BUFFON

AVEC SES SUITES,

Ou COURS COMPLET D'HISTOIRE NATURELLE CONTENANT LES TROIS RÈGNES DE LA NATURE, par Buffon, Castel, Patrin, Bloch, Sonnini, Bosc, Latreille, Brongniart, de Tigny, Lamarc et Mirbel. 80 vol. in-18, imprimés avec soin sur carré fin, ornés de 785 planches représentant chacune plusieurs figures dessinées d'après nature par M. Desève, et précieusement terminées au burin.

DIVISION DE L'OUVRAGE.

ŒUVRES DE BUFFON, comprenant : *Théorie de la terre.* — *Discours sur l'Histoire naturelle.* — *Histoire naturelle de l'homme.* — *Histoire naturelle des quadrupèdes.* — *Histoire naturelle des oiseaux*, classés par ordres, genres et espèces, d'après le système de Linnée, avec les caractères génériques et la nomenclature linnéenne ; par RENÉ RICHARD CASTEL, (26 vol.) Nouvelle édition, ornée de 205 planches représentant environ 600 sujets. 65 fr.

Avec les figures coloriées, 90 fr.

HISTOIRE NATURELLE DES MINÉRAUX, par E.-M. PATRIN, membre de l'Institut (5 volumes). Ouvrage orné de 40 planches représentant un grand nombre de sujets dessinés d'après nature. 15 fr.

Avec figures coloriées, 22 fr. 50 c.

— NATURELLE DES POISSONS, avec des figures dessinées d'après nature, par BLOCH ; ouvrage classé par ordres, genres et espèces, d'après le système de Linnée, avec les caractères génériques ; par RENÉ-RICHARD CASTEL. Édition ornée de 160 planches représentant environ 600 espèces de poissons (10 volumes). 30 fr.

Avec figures coloriées, 45 fr.

— NATURELLE DES REPTILES, avec figures dessinées d'après nature ; par SONNINI, homme de lettres et naturaliste, et LATREILLE, membre de l'Institut. Édition ornée de 54 planches représentant environ 150 espèces différentes de serpens, vipères couleuvres, lézards, grenouilles, tortues, etc. (4 volumes). 12 fr.

Avec figures coloriées, 18 fr

HISTOIRE NATURELLE DES INSECTES, composée d'après Réaumur, Geoffroy, Degéer, Roeser, Linnée, Fabricius, et les meilleurs ouvrages qui ont paru sur cette partie; rédigée suivant la méthode d'Olivier avec des notes, plusieurs observations nouvelles, et des figures dessinées d'après nature; par F. M. G. de TIGNY, et BRONGNIARD pour les généralités. Troisième édition en 10 volumes, ornée de beaucoup de figures, augmentée et mise au niveau des connaissances actuelles. 30 fr.

Avec figures coloriées. 45 fr.

— **NATURELLE DES COQUILLES**, contenant leur description, leurs mœurs et leurs usages; par M. Bosc. Cinq vol. ornés de planches Prix: fig. noires, 15 fr., et fig. col., 22 fr. 50 c.

— **NATURELLE DES VERS**, contenant leur description, leurs mœurs et leurs usages; par M. Bosc. Trois vol. ornés de planches. Prix: fig. noires, 9 fr., et fig. coloriées, 13 fr. 50 c.

— **NATURELLE DES CRUSTACÉES**, contenant leur description, leurs mœurs et leurs usages; par M. Bosc. Deux vol. ornés de planches. Prix: 6 fr, et fig. coloriées, 9 fr.

— **NATURELLE DES VÉGÉTAUX**, classés par famille, avec la citation de la classe et de l'ordre de Linnée, et l'indication de l'usage qu'on peut faire des plantes dans les arts, le commerce, l'agriculture, le jardinage, la médecine, etc.; des figures dessinées d'après nature, et un GENERA complet, selon le système de Linnée, avec des renvois aux familles naturelles de Jussieu (15 volumes) par J. B. LAMARCK, membre de l'Institut, professeur au Muséum d'Histoire naturelle, et par C. F. B. MIRBEL, membre de la Société des sciences, lettres et arts de Paris, professeur de botanique à l'Athénée de Paris. Édition ornée de 120 planches représentant plus de 1,600 sujets. 45 fr.

Avec figures coloriées, 67 fr. 50 c.

Ces différentes parties se vendent séparément, et peuvent compléter toute autre édition de Buffon. Les personnes qui prendront en même temps les 80 volumes, paieront chacun d'eux à raison de 2 fr. 50 c., figures noires, et 4 fr. coloriées.

ABUS (des) **EN MATIÈRE ECCLÉSIASTIQUE**, ou des Cause de l'Origine et de l'Utilité des appels comme d'abus, et des Modifications dont les lois existantes sont susceptibles, suivi d'un Dialogue sur les Causes des Misères de la France, publié en 1590 par Guy Coquille, seigneur de Romenay, par M. Boylan, conseiller à la cour royale de Nancy. Un vol. in-8°. 2 fr. 50 c.

ANNUAIRE DU BON JARDINIER ET DE L'AGRONOME, pour 1829, renfermant la description et la culture de toutes les plantes utiles ou d'agrément qui ont paru pour la première fois en 1828; contenant en outre les nouvelles d'horticulture, des considérations sur l'acclimatation et la naturalisation des plantes, les principes généraux de la greffe, la description de toutes les plantes herbacées, etc.; par un JARDINIER AGRONOME. Un volume in-18. 3 fr.

La première année, pour 1826, 1 fr. 50 c.

La deuxième année, pour 1827, *même prix.*

La troisième année, pour 1828, *meme prix.*

ART DE BRODER, ou Recueil de Modèles coloriés analogues aux différentes parties de cet art, à l'usage des demoiselles; par M. Augustin Legrand. Un vol. oblong. Prix : 6 fr.

ART DE CULTIVER LA VIGNE et de faire du bon vin malgré le climat et l'intempérie des saisons; par M. Salmon. Un volume in-12. 3 fr. 50 c.

— **(L') DE CHOISIR UNE FEMME ET D'ÊTRE HEUREUX AVEC ELLE**, ou Conseils aux hommes à marier; par M. Lami. Un volume in-18, orné de figures. 3 fr.

— **(L') DE CONSERVER ET D'AUGMENTER LA BEAUTÉ**, de corriger et déguiser les imperfections de la nature; par Lami. Deux jolis volumes in-18, ornés de gravures. 6 fr.

BARÊME (LE) PORTATIF DES ENTREPRENEURS DE CONSTRUCTIONS ET DES OUVRIERS EN BATIMENS, ou Tarif de la conversion des pieds en toises et pieds carrés, en mètres, décimètres et centimètres carrés, suivi de la Conversion des mètres carrés en toises, pieds, pouces et lignes carrés, etc., par M. Bardier. Un vol. in-24. 60 c.

BEAUTÉS (LES) DE LA NATURE, ou Description des arbres, plantes, cataractes, fontaines, volcans, montagnes, mines, etc., les plus extraordinaires et les plus admirables, qui se trouvent dans les quatre parties du monde; par M. Antoine. Un volume, orné de six gravures. 2 fr. 50 c.

BOTANIQUE (LA) DE J.-J. ROUSSEAU, contenant tout ce qu'il a écrit sur cette science, augmentée de l'exposition de la méthode de Tournefort et de Linnée, suivie d'un Dictionnaire de botanique et de notes historiques; par M. Deville. *Deuxième édition.* Un gros volume orné de 8 planches, 4 fr.; fig. col. 5 fr.

CALLIPÉDIE (LA), ou la Manière d'avoir de beaux enfans, extrait du poëme de Quillet. Brochure in-8. 1 fr. 50 c.

CHIENS (LES) CÉLÈBRES. *Troisième édition*, augmentée de traits nouveaux et curieux sur l'instinct, les services, le courage, la reconnaissance et la fidélité de ces animaux; par M. Fréville. Un gros volume in-12, orné de planches. 3 fr.

**CHOIX (NOUVEAU) D'ANECDOTES ANCIENNES ET MO-
DERNES**, tirées des meilleurs auteurs, contenant les faits
les plus intéressans de l'histoire en général, les exploits des
héros, traits d'esprit, saillies ingénieuses, bons mots, etc., etc.;
suivi d'un précis sur la Révolution française; par M. BAILLY.
Cinquième édition, revue, corrigée et augmentée; par madame
CELNART. 4 vol. in-18, ornés de jolies vignettes.   7 fr.

**CODE DES MAITRES DE POSTE, DES ENTREPRENEURS
DE DILIGENCE ET DE ROULAGE, ET DES VOITURIERS EN
GÉNÉRAL PAR TERRE ET PAR EAU**, ou Recueil général des
Arrêts du Conseil, Arrêts de règlement, Lois, Décrets, Arrêtés,
Ordonnances du Roi, Avis du Conseil d'Etat, Règlemens,
Instructions, Ordonnances de police, et autres Actes de l'auto-
rité publique, concernant les Maîtres de Poste, les Entrepreneurs de Diligences et Voitures publiques en général, les Entrepreneurs et Commissionnaires de Roulage, les Maîtres de Coches et
de Bateaux, etc., avec des Commentaires et un Résumé des décisions de la Jurisprudence sous chaque article, suivi d'un Traité
de la Responsabilité des Voituriers en général; par M. LANOE,
avocat à la Cour royale de Paris. 2 vol. in-8.   12 fr.

DESCRIPTION DES MOEURS, USAGES ET COUTUMES de
tous les peuples du monde; contenant une foule d'Anecdotes sur
les sauvages d'Afrique, d'Amérique, les Anthropophages, Hot-
tentots, Caraïbes, Patagons, etc., etc. *Seconde édition*, très-
augmentée. 2 vol. in-18, ornés de douze gravures.   5 fr.

ÉPILEPSIE (DE L') EN GÉNÉRAL, et particulièrement de
celle qui est déterminée par des causes morales, par M. DOUSSIN-
DUBREUIL. Un vol. in-12. *Deuxième édition*.   3 fr.

ESPAGNE (DE L') et de ses relations commerciales, par
F.-A. DE CH., in-8.   2 fr. 50 c.

**ÉTUDES ANALYTIQUES SUR LES DIVERSES ACCEPTIONS
DES MOTS FRANÇAIS**, par mademoiselle FAURE. Un vol.
in-12.   2 fr. 50 c.

EXAMEN DU SALON DE 1827, avec cette épigraphe : *Rien
n'est beau que le vrai*. Deux broch. in-8.   3 fr.

GALERIE DE RUBENS, dite du Luxembourg, faisant suite
aux galeries de Florence et du Palais Royal, par MM. MATHEI et
CASTEL. Treize livraisons contenant vingt-cinq planches; un gros
vol. in-folio (ouvrage terminé).

Prix de chaque livraison : figures noires,   6 fr.
Avec figures coloriées,   10 fr.

GRAISSINET (M.), ou Qu'est-il donc? Histoire comique,
satirique et véridique, publiée par DUVAL, 4 vol. in-12. 10 fr.

Ce roman, écrit dans le genre de ceux de Pigault, est un des
plus amusans que nous ayons.

GUIDE (NOUVEAU) DE LA POLITESSE, ouvrage critique et

moral ; par EMERIC. *Seconde édition.* Un vol. in-8   3 fr.

Cet ouvrage, le plus complet dans ce genre, devrait être entre les mains de tous les jeunes gens.

HISTOIRE D'ANGLETERRE, de HUME. Vingt volumes in-12, ornés de figures et tableaux généalogiques, tirés de l'Atlas de Le sage.   60 fr.

INFLUENCE (DE L') DES ÉRUPTIONS ARTIFICIELLES DANS CERTAINES MALADIES, par JENNER, auteur de la Découverte de la vaccine. Brochure in-8.   2 fr. 50 c.

LETTRES SUR LES DANGERS DE L'ONANISME, et Conseils relatifs au traitement des maladies qui en résultent ; ouvrage utile aux pères de famille et aux instituteurs ; par M. DOUSSIN-DUBREUIL. Un vol. in-12. *Troisième édition,*   1 fr. 50 c.

— SUR LA MINIATURE par MANSION. Un vol. in-12.   4 fr.

MANUEL DES JUSTICES DE PAIX, ou Traité des fonctions et des attributions des Juges de paix, des Greffiers et Huissiers attachés à leur tribunal, avec les formules et modèles de tous les actes qui dépendent de leur ministère, auquel on a joint un recueil chronologique des lois, des décrets, des ordonnances du roi, et des circulaires et instructions officielles, depuis 1790, et un extrait des cinq Codes, contenant les dispositions relatives à la compétence des justices de paix ; par M. LEVASSEUR, ancien Jurisconsulte. *Huitième édition,* entièrement refondue par M. RONDONNEAU. Un gros vol. in-8.   7 fr.

MANUEL DES ENGAGISTES ET DES ÉCHANGISTES, ou Recueil Complet et Méthodique des lois, décrets, ordonnances, arrêts de cassation, avis du conseil d'état, décisions et instructions ministérielles ou administratives concernant les domaines de l'état concédés, engagés ou échangés ; précédé de l'Histoire de la Législation du Domaine, et suivi d'un tableau indiquant la date de la publication de la loi du 14 ventôse an VII dans chaque département et d'une table analytique des matières ; par M. SERGENT, auteur du *Manuel du Propriétaire et du Locataire.* Un vol. in-12 Prix :   4 fr.

— DE LITTÉRATURE A L'USAGE DES DEUX SEXES, contenant un précis de rhétorique, un traité de la versification française, la définition de tous les différens genres de compositions en prose et en vers, avec des exemples tirés des prosateurs et des poëtes les plus célèbres, et des préceptes sur l'art de lire à haute voix ; par M. VIGÉE. *Deuxième édition,* revue par madame d'HAUTPOUL. Un vol. in-12.   2 fr. 50 c.

— COMPLET DES MAIRES, DE LEURS ADJOINTS ET DES COMMISSAIRES DE POLICE, contenant, par ordre alphabétique, le texte ou l'analyse des lois, ordonnances, réglemens et instructions ministérielles, relatifs à leurs fonctions et à celles des membres des conseils municipaux, des officiers de gendarmerie, des bureaux de bienfaisance, des commissions d'hospices, etc., avec les formules des actes de leur compétence; par M. Ch. DUMONT, ancien chef de division au Ministère de la Justice. *Huitième édition*, corrigée et considérablement augmentée, Deux vol. in-8. 13 fr.

MANUEL DES POIDS ET MESURES, des Monnaies et du Calcul décimal; par M. TARBÉ DES SABLONS. Édition, avec un supplément contenant les additions faites à l'édition in-18. Un gros vol. in-8. 3 fr. 50 c.

— RAISONNÉ DES OFFICIERS DE L'ÉTAT CIVIL, ou Recueil des lois, décrets, avis, décisions ministérielles, etc., etc. *Deuxième édition*; par DE LA FONTENELLE DE VAUDORÉ. Un gros vol. in-12, 1813. 3 fr.

— COMPLET DU VOYAGEUR AUX ENVIRONS DE PARIS, ou Tableau actuel des environs de cette capitale. Un gros vol. in-18, orné d'un grand nombre de vues et d'une carte très-détaillée des environs de Paris; par M. DE PATY. 3 fr.

— COMPLET DU VOYAGEUR DANS PARIS, ou Nouveau Guide de l'étranger dans cette capitale; par M. LEBRUN. Un gros vol. in-18, orné d'un grand nombre de vues et de trois cartes. 3 fr. 50 c.

MÉMOIRES HISTORIQUES ET ANECDOTIQUES SUR LES REINES ET RÉGENTES DE FRANCE; par DREUX-DU-RADIER, avec la continuation jusqu'à nos jours, par un professeur de l'Académie de Paris; ouvrage orné d'un grand nombre de portraits et de *fac simile*. Six vol. in-8. 36 fr.

— SUR LA GUERRE DE 1809 EN ALLEMAGNE, avec les opérations particulières des corps d'Italie, de Pologne, de Saxe, de Naples et de Walcheren; par le général PELET, d'après son journal fort détaillé de la campagne d'Allemagne, ses reconnaissances et ses divers travaux, la correspondance de Napoléon avec le major-général, les maréchaux, les commandans en chef, etc., accompagnées de pièces justificatives et inédites. Quatre volumes in-8. 28 fr.

MÉNESTREL (LE), poëme en deux chants, par JAMES BEATTIE, avec un Essai sur la vie de l'auteur, une Notice sur Macbeth, suivie de la ballade intitulée les Enfans dans la forêt, trad. de l'anglais avec le texte en regard par M. LOUET. *Seconde édition*. Un vol. in-18. 3 fr. 50 c.

MÉTHODE COMPLÈTE DE CARSTAIRS, DITE AMÉRICAINE; ou l'Art d'écrire en peu de leçons par des moyens prompts et faciles, traduit de l'anglais sur la dernière édition, par M. TRENERY, professeur. Un vol. oblong, accompagné d'un grand nombre de modèles mis en français. 3 fr.

MINISTRE (LE) DE WAKEFIELD. Deux vol. in-12. Nouvelle édition. 4 fl

MORALE DE L'ÉVANGILE COMPARÉE A LA MORALE DES PHILOSOPHES ANCIENS ET MODERNES; Discours auquel une médaille d'or a été décernée par la Société de Châlons, par madame Celnart, in-8. 75 c.

NOSOGRAPHIE GÉNÉRALE ÉLÉMENTAIRE, ou Descript. et traitement rationnel de toutes les maladies; par M. SEIGNEUR-GENS, doct. de la Fac. de Paris. Nouv. éd. 4 vol. in-8. 25 fr.

NOUVEAU COURS DE THÈMES pour les sixième, cinquième, quatrième, troisième et deuxième classes, à l'usage des colléges; par M. PLANCHE, professeur de rhétorique au collége royal de Bourbon, et M. CARPENTIER; ouvrage recommandé pour les colléges par le Conseil royal de l'Université. *Seconde édition*, entièrement refondue et augmentée. Cinq volumes in-12. 10 fr.

Les mêmes avec les corrigés à l'usage des maîtres. 22 fr. 50 c.

On vend séparément :

Cours de sixième à l'usage des élèves,	2 fr.
Le corrigé à l'usage des maîtres,	2 fr. 50 c.
Cours de cinquième à l'usage des élèves,	2 fr.
Le corrigé,	2 fr. 50 c.
Cours de quatrième à l'usage des élèves,	2 fr.
Le corrigé,	2 fr. 50 c.
Cours de troisième à l'usage des élèves,	2 fr.
Le corrigé,	2 fr. 50 c.
Cours de seconde à l'usage des élèves,	2 fr.
Le corrigé.	2 fr. 50 c.

ŒUVRES POÉTIQUES DE BOILEAU, nouvelle édition, accompagnée de notes faites sur Boileau par les commentateurs ou littérateurs les plus distingués; par M. J. PLANCHE, professeur de rhétorique au collége royal de Bourbon, et M NOEL, inspecteur général de l'Université. Un gros vol. in-12. 3 fr.

PENSÉES ET MAXIMES DE FÉNÉLON. Deux volumes in-18, portrait. 3 fr.

— **DE J.-J. ROUSSEAU.** Deux volumes in-18, portrait. 3 fr.

— **DE VOLTAIRE.** Deux volumes in-18, portrait. 3 fr.

PRÉCIS HISTORIQUE SUR LES RÉVOLUTIONS DES ROYAUMES DE NAPLES ET DU PIÉMONT EN 1820 ET 1821, suivi de documens authentiques sur ces événemens; par M. le comte D.... *Seconde édition.* Un volume in-8. 4 fr. 50 c.

ROMAN COMIQUE DE SCARRON. Quatre vol. in-12, fig. 8 fr.

SERMONS DU PÈRE L'ENFANT, PRÉDICATEUR DU ROI LOUIS XVI. Huit gros volumes in-12, ornés de son portrait. *Deuxième édition.* 20 fr.

SYNONYMES (NOUVEAUX) FRANÇAIS à l'usage des demoiselles, par mademoiselle FAURE. Un vol. in-12. 3 fr.

DE LA POUDRE LA PLUS CONVENABLE AUX ARMES A PISTON, par M. C. F. VERGNAUD aîné. Un volume in-18. 75 c,

VOYAGE MÉDICAL AUTOUR DU MONDE, exécuté sur la corvette du roi *la Coquille*, commandée par le capitaine Duperrey, pendant les années 1822, 1823, 1824 et 1825, ou Rapport sur l'état sanitaire de l'équipage pendant la durée de la campagne, avec quelques renseignemens sur des pratiques empiriques locales en usage dans plusieurs des contrées visitées par l'expédition, suivi d'un mémoire *sur les Races Humaines* répandues dans l'Océanie, la Malaisie et l'Australie ; par M. LESSON. Un vol. in-8°. Prix :   4 fr. 50 c.

ABRÉGÉ DE LA GRAMMAIRE FRANÇAISE, par MM. NOEL et CHAPSAL. Un volume in-12.   90 c.

ALBUM TOPOGRAPHIQUE, par PERROT. Un cahier oblong contenant 6 planches coloriées.   7 fr.

ART DE LEVER LES PLANS, et Nouveau Traité d'arpentage et du nivellement; par MASTAING. Un volume in-12.   4 fr.

ATLAS DE LESAGE. Nouv. édit., in-fol. cartonné.   130 fr.

BOTANOGRAPHIE BELGIQUE, ou Flore du nord de la France et de la Belgique proprement dite; par THÉM. LESTIBOUDOIS. Deux volumes in-8.   14 fr.

— **ÉLÉMENTAIRE**, ou Principes de botanique, d'anatomie et de physiologie végétale; par THÉM. LESTIBOUDOIS. Un volume in-8.   7 fr.

— **UNIVERSELLE**, ou Tableau général des végétaux; ouvrage faisant suite à la Botanographie belgique de THÉM. LESTIBOUDOIS. Deux volumes in-8.   10 fr.

CARTE TOPOGRAPHIQUE DE SAINTE-HÉLÈNE, très-bien gravée.   1 fr. 50 c.

CONSIDÉRATIONS SUR LES TROIS SYSTÈMES DE COMMUNICATIONS INTÉRIEURES, au moyen des routes, des chemins de fer et des canaux ; par M. NADAULT, ingénieur des ponts et chaussées. Un vol. in-4°. Prix :   6 fr.

ÉLECTIONS (DES) SELON LA CHARTE ET LES LOIS DU ROYAUME, ou Examen des droits, priviléges et obligations attachés à la qualité d'électeur, par M. BOYARD. Un vol. in-8. 6 fr.

ÉLÉMENS (NOUVEAUX) DE GRAMMAIRE FRANÇAISE, par M. FELLENS. Un vol. in-12.   1 fr. 25 c.

DE L'EMPLOI DU REMÈDE CONTRE LES GLAIRES, et Observations sur ses effets, in-8 par M. DOUSSIN-DUBREUIL. 75 c.

DESCRIPTION DE NOTRE-DAME DE REIMS, par M. GILBERT. in-8.   75 c.

— **DE LA VILLE DE REIMS**, par M. GÉRARD JACOBK. 1 vol. in 8 orné d'un grand nombre de planches.   3 fr. 50 c.

Le même ouvrage, sans les planches.   1 fr. 75 c.

3

DES DROITS, ET DES DEVOIRS DE LA MAGISTRATURE FRANÇAISE ET DU JURY, par M. BOYARD, conseiller à la Cour Royale de Nancy. Un vol. in-8.   6 fr.

DICTIONNAIRE (NOUVEAU) DE LA LANGUE FRANÇAISE, par MM. NOEL et CHAPSAL. Un vol. in-8, grand papier.   8 fr.

ESPRIT DU MÉMORIAL DE SAINTE-HÉLÈNE, par le comte DE LAS CASES. Trois vol. in-12.   12 fr.

ESSAI HISTORIQUE ET CRITIQUE SUR LA SUPRÉMATIE TEMPORELLE DU PAPE ET DE L'ÉGLISE ; par M. l'abbé AFFRE. Un vol. in-8°. Prix :   6 fr.

EXTRAIT ou ABRÉGÉ DE L'ATLAS DE LESAGE, renfermant les huit cartes les plus élémentaires.   12 fr. 50 c.
    La Mappemonde.   2 fr.

FONCTIONS (LES) DE LA PEAU et des maladies graves qui résultent de leur dérangement, par M. DOUSSIN-DUBREUIL. Un vol. in-12.   2 fr. 50 c.

GLAIRES (DES), de leurs causes, de leurs effets et des indications à remplir pour les combattre. *Neuvième édition* ; par M. DOUSSIN DUBREUIL. in-8.   4 fr.

GRAMMAIRE FRANÇAISE (NOUVELLE) sur un plan très-méthodique, avec de nombreux exercices d'Orthographe, de Syntaxe et de Ponctuation tirés de nos meilleurs auteurs, et distribués dans l'ordre des Règles ; par MM. NOEL et CHAPSAL. Trois volumes in-12 qui se vendent séparément, savoir :
    — La Grammaire, 1 vol.   1 fr. 50 c.
    — Les Exercices, 1 vol.   1 fr. 50 c.
    — Le Corrigé des Exercices.   2 fr.

GONORRHÉE (DE LA) BÉNIGNE et des Fleurs blanches, par M. DOUSSIN-DUBREUIL. Un vol. in-12.   3 fr.

GUIDE GÉNÉRAL EN AFFAIRES, ou Recueil des modèles de tous les actes. *Troisième édition.* Un vol. in-12.   4 fr.

GYMNASE NORMAL MILITAIRE ET CIVIL, par M. AMOROS.
    État de cette institution en 1821.   6 fr.
    État au mois d'avril 1828.   3 fr.

HEPTAMÉRON, ou les Sept premiers jours de la Création du monde, et les Sept Ages de l'Église chrétienne. Un vol. grand in-8.   10 fr.

INTRODUCTION A L'ÉTUDE DE L'HARMONIE, ou Exposition d'une nouvelle Théorie de cette science ; par VICTOR DE-RODE. Un vol. in-8.   9 fr.

JEUX DE CARTES HISTORIQUES, par M. JOUY, de l'Académie française. A 3 fr. le jeu.

    Le premier jeu, contenant un abrégé de l'Histoire romaine, orné des portraits des principaux personnages ; 48 cartes.

    Le deuxième, contenant un abrégé de l'Histoire de la monar-

chie française, depuis Pharamond jusqu'à Louis XVIII, orné des
portraits de 67 rois; 50 cartes.

Le troisième, contenant un abrégé de l'Histoire grecque, précédé
d'un aperçu général sur l'Histoire ancienne; orné des portraits des
plus illustres personnages; 48 cartes.

Le quatrième, mythologique, contenant un abrégé élémentaire
de la Fable, orné des figures et des attributs des dieux et demi
dieux; 48 cartes.

Le cinquième, contenant un abrégé de l'Histoire sainte, depuis
la création du monde jusqu'à la naissance de Jésus-Christ, orné
des figures des principaux personnages analogues au sujet;
48 cartes.

Le sixième, géographie, orné de figures représentant les différens peuples de la terre dans le costume particulier à chacun
d'eux, contenant un tableau géographique des latitudes et longi-
tudes, avec un planisphère gravé par TARDIEU. Quarante-huit
cartes.

Celui-ci se vend 50 cent. de plus, à cause du planisphère.

Le septième, contenant un abrégé de l'Histoire du Nouveau
Testament pour faire suite à l'Histoire sainte, orné des figures
des principaux personnages analogues au sujet. Quarante-huit
cartes.

Le huitième, contenant un abrégé de l'Histoire d'Angleterre,
avec gravures. Quarante-huit cartes.

Le neuvième, contenant un abrégé de l'Histoire des animaux,
avec gravures. Quarante-huit cartes.

Le dixième, contenant un abrégé de l'Histoire des empereurs,
avec gravures. Quarante-huit cartes.

Le onzième, instructif, contenant la lecture. Quarante-huit cartes.

Le douzième, instructif, contenant la musique. Quarante-huit
cartes.

Le treizième, contenant la chronologie ancienne et moderne,
avec gravures.

JOURNAL D'AGRICULTURE, d'Economie rurale et des Manufactures du royaume des Pays-Bas. La collection complète
jusqu'à la fin de 1823 se compose de seize vol. in-8. Prix, à Paris. 75 fr.

L'année 1824. 18 fr.

Celles de 1825, 1826, 1827 et 1828 sont au même prix.

LIBERTÉS (LES) GARANTIES PAR LA CHARTE, ou de la
Magistrature dans ses rapports avec la liberté des cultes, la liberté de la presse et la liberté individuelle; par M. BOYARD. Un
vol. in-8. 6 fr.

LEÇONS D'ANALYSE GRAMMATICALE, contenant, 1º des
préceptes sur l'art d'analyser, 2º des Exercices et des Sujets d'a-
nalyse grammaticale, gradués et calqués sur les préceptes; par

MM. Noel et Chapsal. Un vol. in-12.　　　　　　1 fr. 80 c.

LEÇONS D'ANALYSE LOGIQUE, contenant, 1° des Préceptes sur l'art d'analyser, 2° des Exercices et des Sujets d'analyse logique, gradués et calqués sur les Préceptes; par MM. Noel et Chapsal. Un vol. in-12.　　　　　　1 fr. 80 c.

LEÇONS D'ARCHITECTURE; par Durand. Deux vol. in-4.
　　　　　　40 fr.

La partie graphique, ou tome troisième du même ouvrage. 20 fr.

LETTRES INÉDITES DE BUFFON, J.-J. ROUSSEAU, VOLTAIRE, PIRON, DE LALANDE, LARCHER, ETC. Un vol. in-12.　　　　　　3 fr.

MANIÈRE TOUT-A-FAIT NOUVELLE D'ENSEIGNER ET D'ÉTUDIER LA LANGUE LATINE, ou Exposition d'une méthode d'enseignement préparatoire pratiquée avec succès pendant plus de vingt ans; par M. Chompré, ancien professeur. In-8.　　　1 fr.

MANUEL DES BAINS DE MER, leurs avantages et leurs inconvéniens, par M. Blot. Un vol. in-18.　　　　　　2 fr.

MÉLANGES TIRÉS D'UNE PETITE BIBLIOTHÈQUE, ou Variétés littéraires et philosophiques; par M. Charles Nodier, chevalier de la Légion-d'Honneur, bibliothécaire du roi à l'Arsenal. Un vol. in-8°. Prix :　　　　　　7 fr.

MÉMORIAL DE SAINTE-HÉLÈNE; par M. de Las-Cases. Huit vol. in-8.　　　　　　56 fr.

Le même ouvrage. Huit vol. in-12.　　　　　　28 fr.

MOIS (NOUVEAU) DE MARIE, par Debussi. Un vol. in-18.
　　　　　　1 fr. 50 c.

NOUVEAUX APERÇUS SUR LES CAUSES ET LES EFFETS DES GLAIRES, par M. Doussin-Dubreuil. In-8.　　　2 fr.

ŒUVRES DE STANISLAS, roi de Pologne, duc de Lorraine, de Bar, etc., précédées d'une Notice historique, par madame de Saint-Ouen. Un vol. in-8.　　　　　　7 fr. 50 c.

ORDONNANCES DE LOUIS XIV, concernant la juridiction des prevôts et échevins de la ville de Paris, 1 vol. in-18.　　　3 f.

OMNIBUS DE L'HISTOIRE, ou Petit Atlas chronologique universel. in-32.　　　　　　60 c.

PARFAIT NOTAIRE, par Masse, Sixième édition, 3 vol. in-4.　　　　　　45 fr.

POÉSIES DE MADEMOISELLE ÉLISA MERCŒUR, seconde édition. Un vol. in-18.　　　　　　5 fr.

PRÉCEPTES DE RHÉTORIQUE, par M. Hubert. Un vol. 3 f.

PULMONIE (DE LA), DE SES CAUSES LES PLUS ORDINAIRES, ET DES MOYENS D'EN PRÉVENIR LES FUNESTES EFFETS, par Doussin-Dubreuil. Un volume in-12.　　3 f. 50 c.

QUESTIONS DE DROIT, par Merlin. Quatrième édition, 8 vol. in-4.　　　　　　144 fr.

QUESTIONS DE LITTÉRATURE LÉGALE; du Plagiat,

de la Supposition d'auteurs ; des Supercheries qui ont rapport aux livres ; par M. Ch. NODIER. 5 frt

RECUEIL ET PARALLÈLES D'ARCHITECTURE, par M. DURAND. Grand in-folio. 180 fr.

RÉPERTOIRE DE JURISPRUDENCE, par MERLIN. *Cinquième edition*, 18 vol. in-4. 324 fr.

SITES PITTORESQUES DU DAUPHINÉ, Quarante études d'après nature, lithographiées par DAGNAN. 50 fr.

STÉNOGRAPHIE, ou l'Art d'écrire aussi vite que la parole, par M. CONEN DE PRÉPÉAN, *nouvelle édition*. 5 f.

SOURD–MUET (le) ENTENDANT PAR LES YEUX, ou Triple Moyen de communication avec ces infortunés par des procédés abréviatifs de l'écriture, suivi d'un projet d'imprimerie syllabique ; par LE PÈRE D'UN SOURD–MUET, ancien élève de l'école Polytechnique et membre de la Société d'Agriculture, Sciences et Arts du département de l'Aube. Un vol. in 4°. 7 fr.

SUITE AU MÉMORIAL DE SAINTE-HÉLÈNE, ou Observations critiques et anecdotes inédites pour servir de supplément et de correctif à cet ouvrage, contenant un manuscrit inédit de Napoléon, les six derniers mois du gouvernement impérial et l'exposé des causes qui contribuèrent à sa chute, etc. Ornée du portrait de M. LAS-CASES. Un volume in 8. 7 fr.
Le même ouvrage. Un volume in 12. 3 fr. 50 c.

TABLEAU DES PRINCIPAUX ÉVÉNEMENS QUI SE SONT PASSÉS A REIMS ; depuis Jules-César jusqu'à Louis XVI inclusivement, ou Histoire de Reims considérée dans ses rapports avec l'Histoire de France, suivie de notes qui complètent le tableau de cette ville : par M. CAMUS-DARAS. *Deuxième édition* revue et augmentée. Un vol. in-8°. Prix : 10 fr.

— TABLEAU HISTORIQUE DES PEUPLES MODERNES. *Première livraison* contenant l'Histoire d'Angleterre. Un volume in-8, avec atlas. 12 fr.

TAILLE RAISONNÉE DES ARBRES FRUITIERS, et autres opérations relatives à leur culture, par HENNION, in-8. 1 fr.

THÉORIE DES SIGNES, par l'abbé SICARD. Deux volumes in-8. 10 fr.

TRAITÉ DE L'ART DE FAIRE DES ARMES, par LAFOUGÈRE. Un vol. in-8. 6 fr.

TRAITÉ DE LA CLAVELÉE, DE LA VACCINATION ET CLAVELISATION DES BÊTES A LAINE, par M. HURTREL D'HARBOVAL. Un vol. in-8. 6 fr.

TRAITÉ (NOUVEAU) DES ÉCOLES PRIMAIRES, ou Manuel des Instituteurs et des Institutrices, par M. l'abbé Affré, un vol. in-18. 1 fr. 50 c.

— DES PARATOUDRES ET DES PARAGRÊLES EN CORDES

DE PAILLE, par M. Lapostolle. Un volume in-8.   6 fr.

TRAITÉ (NOUVEAU) DES PARTICIPES, suivi de dictées progressives, par MM. Noel et Chapsal. Un vol. in-12. 12 fr.

TABLEAU DE LA CHRONOLOGIE DE L'HISTOIRE DES CULTES, mise en regard de la chronologie de l'Histoire Profane Universelle; par M. Arnault Robert. Deux feuilles très-beau papier colombier d'Annonay satiné, enluminées avec soin. Les deux feuilles réunies,   8 fr.

VACCINE (DE LA) ET DE SES HEUREUX RÉSULTATS DÉMONTRÉS PAR DES VISITES FAITES AU DOMICILE DES INDIVIDUS DÉCÉDÉS A PARIS PAR SUITE DE LA PETITE-VÉROLE EN 1825, par MM. Brunet, Doussin-Dubreuil et Chaumont. Un volume in-8.   4 fr.

VISITES AU SAINT-SACREMENT, par Debussi. Un vol. in-18.   1 fr. 50 c.

VOCABULAIRE DES TERMES DE COMMERCE, ou Principes de la Tenue des livres à partie double. Un vol in-8.   2 f.

VOYAGE HISTORIQUE DANS LE DÉPARTEMENT DE L'AUBE, en vers; par un compatriote. Brochure in-8.
                1 fr. 50 c.

VOYAGES PITTORESQUES SUR LES BORDS DE LA LOIRE, depuis Orléans jusqu'à Nantes, par M. Dagnan.

Cet ouvrage se composera de cinq livraisons, contenant chacune huit planches. Prix de chaque livraison :   12 fr.

OUVRAGES DE M. L'ABBÉ CARON.

LA ROUTE DU BONHEUR, ou Coup d'œil sur les connaissances essentielles à l'homme. *Deuxième édition.* Un vol. in-18, orné d'une jolie gravure représentant saint Louis méprisant les vanités de ce monde.   2 fr.

L'ART DE RENDRE HEUREUX TOUT CE QUI NOUS ENTOURE, ou Petit Traité sur le caractère. *Deux ème édition.* Un vol. in-18, orné d'une jolie gravure représentant saint Vincent de Paul.   2 fr.

LA VERTU PARÉE DE TOUS SES CHARMES, ou Petit Traité sur la douceur. *Deuxième édition.* Un vol. in-18, orné d'un beau portrait de saint François de Sales.   2 fr.

LE BEAU SOIR DE LA VIE, ou Petit Traité sur l'amour divin, précédé des lettres d'Ariste à Philémon. *Deuxième édit.* Un vol. in-18, orné d'une jol. grav. représentant sainte Thérèse.
                2 fr.

L'ECCLÉSIASTIQUE ACCOMPLI, ou Plan d'une vie vraiment sacerdotale. *Cinquième édition*, revue, corrigée et augmentée de maximes ecclésiastiques, précédée d'une notice sur la vie de l'auteur Un vol. in-18, orné de son portrait.   2 fr.

LES ÉCOLIERS VERTUEUX, ou Vies édifiantes de plusieurs

jeunes gens proposés pour modèles. *Cinquième édition*, deux vol. in-18, revue, corrigée avec soin et augmentée d'une vie inédite, ornée de deux jolies gravures. 4 fr.

L'HEUREUX MATIN DE LA VIE, ou Petit Traité sur l'humilité. *Deuxième édition*. Un vol. in-18, orné d'une jolie gravure représentant Thomas à Kempis. 2 fr.

NOUVELLES HÉROÏNES CHRÉTIENNES, ou Vies édifiantes de dix-sept jeunes personnes. *Dixième édition*, revue et corrigée. Deux vol. in-18, ornés de deux jolies gravures. 4 fr.

PENSÉES CHRÉTIENNES, ou Entretiens de l'âme fidèle avec le Seigneur, pour tous les jours de l'année. *Quatrième édition*. Douze vol. in-18, ornés de douze jolies gravures et d'un beau portrait de madame Elisabeth. 21 fr.

— **ECCLÉSIASTIQUES** pour tous les jours de l'année. *Sixième édition*, revue, corrigée et considérablement augmentée par l'auteur. Douze volumes in-18, ornés de douze gravures. 21 f

RECUEIL DE CANTIQUES ANCIENS ET NOUVEAUX. *Huitième édition*. Un vol. in-18, orné d'une jolie gravure représentant le roi David pinçant de la harpe. 1 fr. 50 c.

ABRÉGÉ DE LA FABLE ou de l'Histoire poétique, par JOUVENCY, traduit en français et rangé suivant la méthode de DUMARSAIS, in-18 1 fr. 50 c.

ABRÉGÉ DE LA GRAMMAIRE FRANÇAISE, par M. de WAILLY, dernière édition, 1 vol. in-12. 75 c.

ANNÉE AFFECTIVE, par AVRILLON, in-12. 2 fr. 50 c.

ABRÉGÉ DE L'HISTOIRE SAINTE, par demandes et par réponses, 1 vol. in-12. 75 c.

— **DU COURS DE LITTÉRATURE DE LAHARPE**, par PERRIN. *Deuxième édition*. Deux volumes in-12. 7 fr.

ARITHMÉTIQUE DE BEZOUT, revue par PEYRARD. In-8, 3 fr.

AVENTURES DE ROBINSON CRUSOÉ. Quatre vol. in-18, 6 fr.

AME (L') CONTEMPLANT LES GRANDEURS DE DIEU, in-12. 2 fr. 50 c.

AME (L') AFFERMIE DANS LA FOI, et prémunie contre la séduction de l'erreur. 1 vol. in-12. 2 fr. 50 c.

AMÉLIE MANSFIELD, par madame COTTIN, 3 vol. in-18. 4 fr.

AVIS AUX PARENS sur la nouvelle méthode de l'enseignement mutuel, par G. C. HERPIN. 1 vol. in-12. 2 fr. 50 c.

BEAUX TRAITS DU JEUNE AGE, par FRÉVILLE. *Troisième édition*. Un volume in-12. 3 fr.

BUFFON (LE NOUVEAU) DE LA JEUNESSE. *Quatrième édition*, 134 fig. Quatre volumes in-18. 9 fr.

CABARETS (LES) DE PARIS, ou l'Homme peint d'après

nature ; petits tableaux de mœurs , philosophiques , galans , comiques. etc. Un volume in-18, orné de 4 gravures.　　1 fr. 50 c.

CATÉCHISME HISTORIQUE de FLEURY, 1 vol.　　50 c.

CATÉCHISME HISTORIQUE, contenant en abrégé l'Histoire sainte et la doctrine chrétienne; par FLEURY, 1 vol. in-12.　2 fr.

CÆSARIS COMMENTARII, ad usum collegiorum, 1 vol. in-18.　　1 fr. 40 c.

CÉVENOL (le vieux), par RABAUT SAINT-ETIENNE, 1 vol. in-18.　　3 fr.

CHARLES ET EUGÉNIE, ou la Bénédiction paternelle; par madame DE RENNEVILLE. Deux volumes in-18.　　3 fr.

CICERONIS ORATOR, in-18.　　75 c.

CICERO in Verrem, de signis, in-12.　　60 c.

COLLECTION MAÇONNIQUE, 6 vol. in-18, fig.　6 fr.

COMMENTAIRES DE CÉSAR (LES), nouvelle édition retouchée avec soin ; par M. de WAILLY. Deux vol. in-12.　6 fr.

CONDUITE POUR L'AVENT, par AVRILLON, 1 vol. in-12, édit. stéréotype d'Herhan.　　2 fr. 50 c.

CONDUITE POUR LA PENTECOTE, par AVRILLON, 1 vol.　　2 fr. 50 c.

CONDUITE POUR LE CARÊME, par AVRILLON, édition stéréotype d'Herhan, 1 vol. in-12.　　2 fr. 50 c.

CONTES DES FÉES, par PERRAULT, in-18 ; fig.　1 fr. 25 c.

CONTES MORAUX ANCIENS ET NOUVEAUX, par MARMONTEL. 6 vol. in-18, orné de 6 figures.　　10 fr.

CONTES ET HISTORIETTES de BERQUIN, 1 vol. in-18, orné de fig.　　1 fr. 50 c.

CORNELII NEPOTIS Vitæ excellentium imperatorum, 1 vol. in-18.　　1 fr.

CORRESPONDANCE DE PROSPER ET DE JULIETTE, pour faire suite aux Etrennes d'une mère ; par madame de V***. 2 vol. 18 ornés de 8 jolies figures. Paris.　　3 fr.

CURTII RUFI de Rebus gestis Alexandri Magni Libri decem, ad usum scholarum, 1 vol. in-18.　　1 fr. 50 c.

DICTIONNAIRE (NOUVEAU) **DE POCHE FRANÇAIS-ANGLAIS ET ANGLAIS-FRANÇAIS**, par M. NUGENT. Dix-huitième édition, revue par M. FAIN, 2 vol. in-16.　6 fr.

DICTIONARIUM UNIVERSALE LATINO-GALLICUM, etc., seu BOUDOT, in-8.　　7 fr.

DISCOURS CHOISIS DE D'AGUESSEAU, in-12, nouvelle édition.　　2 fr 50 c.

DOCTRINE CHRÉTIENNE DE LHOMOND, in-12.　1 f. 50 c.

ÉDUCATION DES FILLES, par FÉNÉLON, in-18, fig., jolie édition.　　1 fr. 50 c.

ÉLÉMENS DE LA CONVERSATION ANGLAISE, par PERRIN, revu par FAIN. Un vol. in-12.　　1 fr. 25 c.

ÉLÉMENS DE LITTÉRATURE, ou Analyse raisonnée des différens genres de compositions et des meilleurs ouvrages classiques anciens et modernes, français et étrangers; par BRETON, etc. 6 volumes in-18. 9f.

ELISABETH, par Mme. COTTIN., 1 vol. in-18. 1 f. 25 c

ÉPITRES ET ÉVANGILES DES DIMANCHES ET FÊTES DE L'ANNÉE, avec de courtes réflexions, édition augmentée des Prières de la Messe et des Vêpres du dimanche, in-12. 2 f. 50 c.

ESPIÉGLERIES (LES) DE L'ENFANCE, ou l'Indulgence maternelle, contes et historiettes propres à être donnés aux enfans de l'âge de six à huit ans; par madame DE RENNEVILLE. 1 vol. in-18 orné de 4 jolies fig. 1 fr. 50 c.

ESPRIT DU CHRISTIANISME, ou la Conformité du Chrétien avec Jésus-Christ, par le père François NEPVEU, *nouvelle édition*, 1 vol. in-12. 2 f. 50 c.

ESPRIT (DE L') DES LOIS, par MONTESQUIEU. Nouvelle édition, ornée du portrait de l'auteur. Quatre gros vol. in-12, 12 fr.

ESQUISSE D'UN TABLEAU HISTORIQUE DES PROGRÈS DE L'ESPRIT HUMAIN, par CONDORCET. Un gros vol. in-18. 3 fr.

EXISTENCE DE DIEU, par CLARKE, traduit de l'anglais par RECOTTIER. Nouvelle édition. 3 vol. in-12. 7 fr. 50 c.

FABLIERS (LE PHÉNIX DES), ou Morceaux choisis des poëtes français qui ont excellé dans l'apologue depuis 1600 jusqu'à nos jours, par J. SAMSON, 2 vol. in-18. 4 fr.

FÉE (LA) GRACIEUSE, ou la Bonne Amie des Enfans, par Mme de RENNEVILLE, 1 vol. in-18. 1 f. 25 c.

FÊTES (LES) DES ENFANS, ou Recueil de petits Contes moraux, par DUCRAY-DUMINIL. *Septième édition*, 3 vol. in-18 ornés de figures. 4 fr. 50 c.

FORMULAIRE DES PRIÈRES à l'usage des pensionnaires des religieuses Ursulines, *nouvelle édition*, in-12. 2 f. 50 c.

GRAMMAIRE FRANÇAISE DE RESTAUT. Gros vol. in-12, 2 fr. 50 c.

GRANDEUR (LA) DES ROMAINS, par MONTESQUIEU. 1 vol. in-12. 2 fr.

GRADUS AD PARNASSUM, ou Dictionnaire poétique latin-français. Grand in-8, caractère neuf. 7 fr.

GUIDE DU MARÉCHAL, par LAFOSSE. Nouvelle édition. 7 fr. 50 c.

HISTOIRE POÉTIQUE, tirée des meilleurs poëtes et littérateurs français, ouvrage classique, par M. DELACROIX, *dixième édition*, revue, corrigée et augmentée par J.-F. NOUEL, chef d'institution, membre de plusieurs sociétés savantes, 1 fort vol. in-18, broché. 2 f. 25 c.

— **DES DOUZE CÉSARS**, traduite du latin de Suétone, avec

des notes et des réflexions ; par F. DE LAHARPE. *Cinquième édition.* Trois volumes in-18. 6 fr. 50 c.

HISTOIRE ET PARABOLES DU PÈRE BONAVENTURE, 1 v. in-18. 1821. 1 f. 25 c.

HISTORIETTES ET CONVERSATIONS A L'USAGE DES ENFANS, par BERQUIN. Deux volumes in-18. 3 fr.

PRÉCIS HISTORIQUE DE LA RÉVOLUTION ESPAGNOLE, suivi d'observations sur l'Esprit public, la Religion, les Mœurs et la littérature de l'Espagne ; par EDWARD BLAQUIÈRE, traduit de l'anglais ; par J. C. P. Deux vol. in-8. 10 fr.

HORATII FLACCI CARMINA, 1 vol. in-24. 1 f. 25 c.

ILE (L') DES FÉES, ou la Bonne Perruche, contes moraux à l'usage de la jeunesse ; par mademoiselle VANHOVE. Deux volumes in-18, ornés de 8 jolies figures. 3 fr.

IMITATION DE JÉSUS-CHRIST, in-32. *jolie édit.* 1 f. 50 c.

INSTRUCTIONS POUR LES JEUNES GENS, utiles à toutes sortes de personnes, mêlées de plusieurs traits d'histoire et d'exemples édifians. in-12. 1 f. 25 c.

JARDINS (LES QUATRE) ROYAUX DE PARIS, 1 v. in-18, *troisième édition.* 1 f. 50 c.

JEUNES (LES) PERSONNES, nouvelles, par madame DE RENNEVILLE. *Deuxième édition.* Deux volumes in-12, ornés de fig. 8 fr.

JUSTINI HISTORIARUM ex trogo Pompeio Libri XLIV. 1 v. 18 1 f. 50 c.

LETTRES DE MESDAMES DE COULANGES ET DE NINON DE L'ENCLOS, suivies de la Coquette vengée, 1 vol. in-12. 2 f. 50 c.

LETTRES DE MESDAMES DE VILLARS, DE LA FAYETTE ET TENCIN, 1 vol. in-12. 2 f. 50 c.

LETTRES DE MADEMOISELLE AISSÉ, accompagnées d'une notice biographique et de notes explicatives, 1 vol. in-12. 2 f. 50 c.

LETTRES A ÉMILIE SUR LA MYTHOLOGIE, par DÉMOUSTIER, 2 vol. in-12. 5 f.

LETTRES CHOISIES DE MESDAMES DE SÉVIGNÉ, DE GRIGNAN, DE SIMIANE ET DE MAINTENON. Trois vol. in-18. 5 fr.

LETTRES PERSANES, par MONTESQUIEU. Nouvelle édition, Un vol. in-12. 3 fr.

LETTRES DE J. MULLER à ses amis, MM. Bonstetten et Gleim, précédées de la vie et du testament de l'auteur, in-8. 6 f.

LIVRE D'OR (LE), ou l'humilité en pratique, instructions utiles à tous les fidèles, augmenté de 190 maximes chrétiennes, in-24. 40 c.

MAGASIN DES ADOLESCENS, 4 vol. in-18. 5 f.

MAGASIN DES ENFANS, 4 vol. in-18. 4 f.

MAITRE D'ANGLAIS, ou Grammaire raisonnée de la langue anglaise, à l'usage des Français; par WILLIAM COBBETT. Un gros vol. in-12.   3 fr. 50 c.

MAITRE ITALIEN, ou Nouvelle Grammaire pratique française et italienne de VENERONI. Nouvelle édition, revue par LAURI. Un gros vol. in-8.   6 fr.

MALVINA, par Mme COTTIN, 3 vol. in-18.   4 f.

MANUEL DU COMMERÇANT SUR LA PLACE DE PARIS. 1 vol. in-18.   1 f.

MÉMOIRES DE GRAMMONT, par HAMILTON. Deux vol. in-32, figures.   3 fr.

— DU CARDINAL DE RETZ, DE GUY-JOLY ET DE LA DUCHESSE DE NEMOURS. Nouvelle édition. Six volumes in-8, avec portrait.   36 fr.

MŒURS DES ISRAÉLITES ET DES CHRÉTIENS, par l'abbé FLEURY, 1 vol. in-12, stéréotype.   2 f. 50 c.

MOIS (LE) DE MARIE, 1 vol. in-32.   40 c.

MORALE (LA) EN ACTION, ou Élite de faits mémorables et d'anecdotes instructives, à l'usage des colléges et maisons d'éducation. Un gros vol. in-12.   2 fr. 50 c.

MORCEAUX CHOISIS DE MASSILLON, par M. l'abbé ROLLAND, 1 vol. in-18, portrait.   1 f. 80 c.

MORCEAUX CHOISIS DE BOSSUET, par ROLLAND, in-18, portrait.   1 f. 80 c.

MORCEAUX CHOISIS DE BOURDALOUE, par ROLLAND, 1 vol. in-18, portrait.   1 f. 80 c.

MORCEAUX CHOISIS DE FÉNÉLON, par ROLLAND, avec portrait. 1 vol. in-18.   1 f. 80 c.

MORCEAUX CHOISIS DE FLÉCHIER, par ROLLAND, 1 vol. in-18, portrait.   1 f. 80 c.

MORCEAUX CHOISIS DE FLEURY, par ROLLAND, 1 vol. in-18, portrait.   1 f. 80 c.

NOVUM TESTAMENTUM, 1 vol. in-18 de près de 700 pages.
                                                          2 f. 50 c.

ŒUVRES DE FLORIAN. Vingt-quatre volumes in-18, fig., édition de BRIAND.   24 fr.

ŒUVRES COMPLÈTES DE CHAMFORT, 5 vol. in-8.   30 f.

— DRAMATIQUES DE DESTOUCHES, nouvelle édition, précédée d'une notice sur la vie et les ouvrages de cet auteur. Six vol. in-8, ornés de figures.   36 fr.

PARFAIT (LE) CUISINIER, ou le Bréviaire des Gourmands. 1 vol. in-12.   3 f.

PARFAIT (LE) MODÈLE, 1 vol. in 18.   1 f. 25 c.

PERFIDIES ASSASSINES, ou le Bambocheur du grand ton. Un volume in-18.   2 fr.

PETIT (LE) PHILIPPE, par Mme de RENNEVILLE, 1 v. in-18, avec grav.   1 f. 50 c.

PHÆDRI AUGUSTI LIBERTI FABULÆ, 1 vol. in-12.
1 f. 25 c.

PLUTARQUE DES DEMOISELLES, par Propiac. *Troisième édition*. Deux volumes in-12. 6 fr.

PRÉCEPTEUR DES ENFANS, 1 vol. in-12. 2 f. 50 c.

PROTÉGÉ (LE) DE JOSÉPHINE BEAUHARNAIS, par le baron B.... ... Deux volumes in-12, figures. 5 fr.

PSAUTIER DE DAVID, *nouvelle édition*, 1 vol. in-12. 1 fr.

RÉCRÉATIONS D'EUGÉNIE, Contes propres à former le cœur et à développer la raison des enfans ; par madame DE RENNEVILLE. *Troisième édition*. Un volume in-18 orné de 4 jolies figures. 1 fr. 50 c.

RELIGION (LA), poëme, par RACINE, 1 v. in-18. 1 f. 50 c.

RÉVOLUTION DE CONSTANTINOPLE EN 1807 ET 1808, par M. JUCHEREAU DE SAINT-DENIS, colonel d'état-major, chevalier de la Légion-d'Honneur et de l'ordre du Croissant ottoman. Deux volumes in-8. 9 fr.

SELECTÆ E NOVO TESTAMENTO, Historiæ ex Erasmo desumptæ, 1 vol. in-18. 1 f. 40 c.

SECRET (LE) DE LA JEUNE FILLE, par A. P. F. N. , 4 vol. in-12, avec fig. 10 f.

SOUVENIRS DE MADAME DE CAYLUS, suivis de quelques-unes de ses Lettres, *nouvelle édition*, précédée d'une Notice, par M. AUGER, 1 vol. in-12. 2 f. 50 c.

DE LA MORT CIVILE EN FRANCE, par M. DESQUIRON DE SAINT-AGNAN, avocat près la Cour royale de Paris. Un vol. in-8. 7 fr.

TARIFS OU COMPTES FAITS de l'escompte par mois ou par an commercial, par J. A. NOIRET, 1 vol. in-12. 1 f. 50 c.

VÉRITABLE (LE) ESPRIT DE J.-J. ROUSSEAU, ou Choix d'observations, de maximes et de principes sur la morale, la religion, la politique et la littérature, par M. l'abbé SABATIER. 3 vol. in-8. 15 f.

VIES DES SAINTS, par MÉSENGUY, gros vol. in-12. 3 f.

VIE DE SAINT LOUIS DE GONZAGUE, de la Compagnie de Jésus, 1 vol. in-12. 2 f. 50 c.

VISITES AU SAINT SACREMENT ET A LA SAINTE VIERGE, pour chaque jour du mois, in-18. 1 f.

VIES DES ENFANS CÉLÈBRES, ou Modèles du jeune âge, par FRÉVILLE, 2 vol. in-12, avec 4 fig. 5 f.

VOYAGES (LES) DE GULLIVER, traduits de SWIFT par DESFONTAINES. Nouvelle et très-jolie édition. Quatre volumes in-12 ornés de huit belles gravures. Paris. 6 fr.

COLLECTION
DE MANUELS

FORMANT UNE

ENCYCLOPÉDIE

DES SCIENCES ET DES ARTS,

FORMAT IN-18;

Par une réunion de Savans et de Praticiens;

MESSIEURS

AMOROS, BORY DE SAINT-VINCENT, BOITARD, CHORON, le comte DE GRANDPRÉ, HUOT, JULIA-FONTENELLE, LACROIX, LAUNAY, Sébastien LENORMAND, LESSON, PERROT, RIFFAULT, TARBÉ, TERQUEM, VERGNAUD, etc., etc.

Tous les Traités se vendent séparément; pour les recevoir franc de port, il faut ajouter 5o c. par volume.

Cette Collection étant une entreprise toute philanthropique, les personnes qui auraient quelque chose à nous faire parvenir dans l'intérêt des sciences et des arts, sont priées de l'envoyer franc de port à l'adresse de M. le *Directeur de l'Encyclopédie in-18*, chez RORET, libraire, rue Hautefeuille, no 12, à Paris.

www.ingramcontent.com/pod-product-compliance
Lightning Source LLC
Chambersburg PA
CBHW060401200326
41518CB00009B/1220